LENORE NEWMAN

[加] 丽诺尔·纽曼 著
李思璟 译

LOST FEAST

绝世美味

Culinary Extinction and the Future of Food

生灵的消逝与饮食的未来

人民文学出版社
PEOPLE'S LITERATURE PUBLISHING HOUSE

著作权合同登记号 图字 01-2024-2255

图书在版编目（CIP）数据

绝世美味：生灵的消逝与饮食的未来 /（加）丽诺尔·纽曼著；李思璟译 .— 北京：人民文学出版社，2024
ISBN 978-7-02-018639-6

Ⅰ.①绝… Ⅱ.①丽… ②李… Ⅲ.①饮食－文化－世界 Ⅳ.① TS971.201

中国国家版本馆 CIP 数据核字 (2024) 第 080153 号

责任编辑 陈 莹
责任印制 王重艺

出版发行 人民文学出版社
社　　址 北京市朝内大街166号
邮政编码 100705

印　　刷 河北环京美印刷有限公司
经　　销 全国新华书店等

字　　数 217千字
开　　本 880毫米×1230毫米 1/32
印　　张 10.375 插页3
版　　次 2024年7月北京第1版
印　　次 2024年7月第1次印刷

书　　号 978-7-02-018639-6
定　　价 55.00元

如有印装质量问题，请与本社图书销售中心调换。电话：010-65233595

致 谢

很多人为这本书提供了帮助。特别感谢编辑苏珊·雷努夫和ECW出版社，让本书得以付梓。感谢特雷纳·怀特和“第二页战略”团队，感谢他们为了把一个想法变成一本书而集思广益。感谢香农·布拉特和凯蒂·纽曼数小时的审稿工作，感谢阿德里安娜·陈博士的耐心和指导。本书得到菲莎河谷大学和加拿大研究教席计划的支持。特别感谢“丹”（你知道你是谁）。最后，感谢威廉·纽曼，每当我失去动力时，他就会给我切几片梨子派。我欠你们所有人一顿晚餐。

第 一 部

结局的开始

第一章

罗盘草

3

首先上桌的是黄油，量多到不可思议，上面的小粒脂肪晶莹剔透。黄油被搅打成几近泡沫的状态，点缀着新鲜的碎香料。还有面包，但它只是配角。餐盘大小的黑色熔岩石板右边，松散地堆着黑麦面包，看起来很诱人。左边是圣诞橙子那么大的黄油堆，懒洋洋地躺在温暖的石板上，正在慢慢融化。餐厅墙壁和窗外蓝汪汪、热腾腾的泳池边也装饰着同样的熔岩石板。从此处到飘着雪花的雷克雅未克，这石头好像在跟我们捉迷藏似的。我的目光落在窗外飘落的雪花和那些在碧波中嬉戏的高大金发男女身上。有人在石头上休息，有人漂在火山环抱下的泳池里。我在那里消磨了一上午，也许等吃过饭消化一会儿，我还会再回来。但现在，我面前有了黄油。

4

我又从石板上拿起一片面包，在上面随意涂了些黄油。新鲜的香料长着细叶和嫩枝，散发出夏日山顶的气息，但我认不出它是什么。我想起祖母喜欢黄油。像所有孤独的食客一样，我的思绪漫无边际地发散。想必祖母也会称赞这顿大餐吧。我坐下来，慢慢咬了一口面包，品味着它的味道和口感。午餐有各种菜式，但我可能会吃掉一整块美味的黄油。几天以来的压力、大雪和寒意都随之慢慢消融。

我来冰岛是为了研究苦寒地区的食物，有在纽芬兰[①]实地考察时的大量笔记作为对照，里面满是关于鳕鱼舌[②]、周日晚餐吃的咸猪肉和海豹鳍肉派[③]的故事。现在我在世界北部边缘的另一座岛屿，这里到处都是友善的人、整洁的房屋和有趣的菜肴。我刚逃离伦敦12月阴冷沉闷的天气，下一站是同样阴冷沉闷的温哥华，冰岛刚好位于这两站之间。坐在希思罗机场的飞机上，我为将要结交新朋友、看到新事物而兴奋不已。当然，美味的食物也让我兴致盎然。然而飞机一降落，我的乐观情绪就不见了踪影。暮色褪去，大雪纷飞，机场巴士在黑暗中摇摇摆摆。夜色中，那些整齐得有些不可思议的小屋几乎没法用肉眼看清。但这一切似乎与我身边那位兴致勃勃的老人无关。他很乐意对我滔滔不绝地谈起自己作为极光科学家，在苏格兰北部做研究时的喜悦与挣扎。和每个上了年纪的人一样，因为有人对他说的话感兴趣，他的兴奋溢于言表。他的家乡有足够长的黑夜可供观测，但那里的天气太阴沉了。于是他花了大量时间待在西伯利亚和冰岛，为有钱的游客做极光之旅的向导，顺便完

① 位于北大西洋的大型岛屿，属加拿大纽芬兰与拉布拉多省管辖。—— 译注

② 连接鳕鱼内嘴和下颌的肥厚肌肉。—— 译注

③ 加拿大东部传统肉馅饼，由竖琴海豹鳍制成。鳍和蔬菜一同烹制，浇上浓酱汁，再盖上面皮。—— 译注

成研究工作。我看向窗外，对他能否成功颇为怀疑。我甚至看不清天空和森林的交接处。风开始猛烈地摇晃公交车，我看到司机绷紧了手臂。在偶尔闪过的路灯灯光下，他的指节格外苍白。极光科学家皱起眉头看着窗外的雪，耸了耸肩。

“别担心，天会放晴的。风暴之后就会风平浪静。”

“整晚看极光，不会觉得冷吗？”

“只是干冷[①]。你几乎不会注意到。”

“我是来研究食物的。”

“那你来对地方了。这里有各种鱼和乳制品。不过别吃鲨鱼肉。”

他沉默了一会儿，转头注视着窗外的黑暗。巴士在马路上急速打滑，司机用悠扬的语调咒骂起来。我缩进大衣里，希望酒店有客房服务，最好还有桑拿房。

*

在冰岛，有趣的食物随处可见。我在大雪和黑暗中与餐厅老板交谈，在大雪和黑暗中参观温室，在大雪和黑暗中与眸色冰冷的渔夫聊天，旁边是一片令人生畏的海洋，我根本不愿离开。

我喜欢这里。正午的太阳勉强在地平线上停留一会儿，便足以照亮冰封的港口对面的群山。我喜欢品尝一切可以尝到的东西，像饥饿的冬日幽灵一样在街上游荡。我吃了像雪花一样细腻新鲜的鱼肉。虽然被警

① “干冷”是生活在极端气候下的人们为了说服自己不要逃往赤道而自欺欺人的谎言。

6

告过，我还是咬了一口腌制鲨鱼肉，后悔了好几个小时 —— 它刺鼻的气息和味道一直阴魂不散、挥之不去。我品尝了地衣①，吞下用火山热能种出的植物制作的沙拉，吃了在地上烤熟的面包。我还吃了许多冰岛优格 —— 一种用冰岛奶牛的奶制成的奶酪。个头矮小、数量稀少的冰岛奶牛于10世纪从挪威引入，如今已是这个苦寒之地的独特产物。目前只有3万头泌乳冰岛奶牛，负责满足所有冰岛人的早餐需求。这种奶牛很不寻常，皮毛有六种颜色的斑纹，像猫一样毛茸茸的。它们生长在沿海丰饶山谷中的700座小型农场里，以当地植被为食，与其他牛种隔绝了千年之久。与众不同的冰岛奶牛产出的奶蛋白质含量极高，脂肪含量极低 —— 这种差异也体现在人们可以用勺子直接品尝的黄油中。那位极光学家说得没错，冰岛的乳制品太美味了。这方水土上的人在鱼、牛、羊的恩惠下生存了几个世纪。

世界发现了冰岛，游客涌入雷克雅未克的街道。在痴迷于食物的世界里，冰岛优格的口感是如此丰富而美妙，已成为越来越稀罕的出口产品。而冰岛优格如此珍贵，冰岛奶牛不可能满足这种需求。一个可能的解决方案是让冰岛奶牛和挪威奶牛杂交，以提高每英亩的牛奶产量，但在这个过程中，纯种冰岛奶牛可能会因基因混合和被引入的疾病而灭绝。想让更多人了解熔岩石板上的神奇黄油，不让它演变成苍白的复制品，并没有真正的办法。这种黄油是几百年来的严酷环境、缓慢发展的饲养过程和专业制作工艺综合作用的结果。失去冰岛黄油和类似的食

---

① 真菌和绿藻门或蓝绿菌的共生体，长在干燥的岩石或树皮上。—— 译注

物，将是一种巨大的损失。

独特的食物让世界变得多样且充满乐趣，但它们正处于危险之中。7丰富的食材塑造着各式各样与众不同的文化，但与此同时，它们正受到全球化、工业化和生态崩溃的威胁。有些食材变得越来越稀有、越来越昂贵，有些正濒临消亡，有些已经消亡了。

要理解这些威胁，你可以想象一场盛宴。可以是任何丰盛大餐：拉斯维加斯的自助餐、家庭假日晚餐、南太平洋的坑窑烧烤、印尼传统饭桌餐（供应若干小份菜的经典宴会，在特殊场合提供）。想象一下，这场盛宴上的菜式多到不可能一次全部吃完。除了大量隐性劳动，还有两件事值得注意：一是这场宴会提供的食物来自几十种甚至上百种动植物，宛如一座“美食动物园”。二是准备食物的过程中蕴含着大量饮食知识，这些知识是人们在种植、收获、加工和准备食物的过程中积累下来的，经过了一代代传承和完善。这么说吧，一场盛宴就像一本书，我们通过品尝来阅读这部美味之书。现在想象一下，美味佳肴开始一个接一个地消失。用来装饰华夫饼的树莓、感恩节火鸡要用到的鼠尾草、芋泥和炸香蕉……都消失了。慢慢地，餐桌失去了乐趣与吸引力。随着每个物种的消失，与之相关的知识和文化也一同消失了。

这就是“绝世美味”的悖论。即使我们身处一个食物比以往更便宜、更多样化、更容易获得的时代，物种灭绝的幽灵仍然从根本上威胁着人类的饮食方式。事实上，这种情况已经发生了。

*

我又拿起一片面包，上面涂满了美妙的、或许正濒临消亡的黄油。外面的雪停了，天色渐暗，泛起清澈的钴色光泽。这家名叫“熔岩”的餐厅坐落在冰岛蓝潟湖温泉泳池旁，名字倒十分贴切。我在这里享受着安谧的时光，远离餐馆、渔港和新鲜口味的喧嚣。我在厚厚的雪地里跋涉了几个小时，被风吹弯了腰，皮肤皴裂、睫毛结冰，需要休息一下。漫无目的地漂在热气腾腾的泳池中，旁边是一家不错的高级餐厅，似乎是消磨一天的绝佳选择。泳池里的水是附近一家热电厂的副产品，当地人巧妙地把它变成了世界一流的水疗中心。泳池里甚至还有一间酒吧，冰岛人分发的腕带可以记录酒精摄入量，这样客人就不会因过度饮酒而溺水。熔岩餐厅的主厨英吉·弗里德里克松（Ingi Fridriksson）团队致力于彰显冰岛美食的魅力，这家餐厅也是世界上为数不多可以穿着浴袍上桌的高档餐厅之一。当然，这里还提供绝顶美味的面包和黄油。

黄油是一种古老的发明。人们挤牛奶时，乳脂以液体状态被分离到顶部，里面满是被细胞膜保护着的微小脂肪球。搅打乳脂时，空气混入其中，形成一种胶状物，即我们通常所说的生奶油。所有热衷此道的厨师都知道，生奶油进一步打发会形成一种新的物质：黄油。但大多数人不知道的是，打发的过程破坏了使脂肪保持悬浮状态的细胞膜，脂肪得以流动起来，才转化成了新的形式。

早在公元前6500年，人类就发现了这一点，古代陶器上留下的黄油残留物就是明证。公元前2500年，苏美尔人在石板上记录了如何用牛奶制备黄油，成为一本经久耐用的厚重说明书。在炎热的气候下，黄油很快就会变质，这促使人们发展出新的技术。罗马帝国时代，人们在黄油中加入盐，以延长其保质期。印度人发现，去除黄油中的固体可以产生一种保存时间更持久的物质——酥油①。在北欧和英国，黄油被装入桶中，储存在沼泽里。这样保存的黄油虽然会变酸变质，但在很长一段时间内仍可食用。直到现在，人们还能偶尔挖出几只被遗忘的木桶。

制作黄油是一项重要的饮食创新，它将牛奶这种保质期很短的物质变成了一种保存时间更长、更易运输的食品。我们喜欢黄油，喜欢它的味道和口感。它的味道丰富，给人以满足感。在美食的世界里，满足感是很重要的。我们需要食物来维持生命，而我们享受美食来愉悦身心。

我在冰岛隆冬的黑暗中徘徊。作为一名饮食地理学教授，这份工作融合了我对旅行和美食的热爱。当然，我在这里的生活也不只是热气腾腾的泳池和美味黄油。有时，我也不得不只身在艰苦环境中长期奔波。我坐过许许多多趟红眼航班，经历过胃部不适，也曾在陌生的酒店里靠整理笔记度过孤独的夜晚。但和真正热爱美食的人在一起时，这些麻烦显得微不足道。我和农民们交流，他们对新的作物品种赞不绝口；我等着厨师们下班，与他们一起分享彼此对做菜的回忆，讨论一场又一场关于美食的冒险；我遇到过全方位专研食物体系的美食作

① 用牛乳精炼出的一种液体脂肪，呈油脂状，高温加热后的酥油可以在室温下保存几个星期。——译注

家，相互启发灵感。

近年来，热爱食物的人越来越感到忧心。受到洪水和干旱影响的农民与我讨论气候变化，也说起越来越难以预测的天气带来的挑战。渔夫们谈到物种数量下降和国际市场上无法预测的价格变化。在野外寻找食物的人告诉我，野生栖息地正在缩小，生态系统正在消失。当人们向我敞开厨房时，我仍然可以享受到不可思议的美味佳肴。但我有一种紧迫感，感到来日无多 —— 我们多样的食物体系正在受到威胁。

*

烹饪是一种语言。语言有两个核心特性，食物的语言也不例外。首先，无论距离多么遥远，语言能让我们彼此交流，把学到的东西传给后代和其他人类群体。通过语言，我们可以交流与食物有关的重要信息。比如在哪里可以找到食物，如何烹制食物，抑或当我们在森林中寻找食物时，该在哪些地方注意饥饿的猎豹。其次，每一种语言都是一种看待世界的独特方式，一种受地点和时间影响的观点，包含着不容易被转译的概念。如果一种语言消失了，这种看待世界的特定视角也就随之消失了。法国的“风土条件”（terrior）概念就是一个很好的例子。这个词大致可直译为“风景的味道”，意思是食物的特性本质与当地的环境因素有关。风土条件受到气候、土壤、种植技术和加工传统的影响，创造出与特定土地和人群有关的食物。烹饪艺术受风土条件影响，将生态和文化融合在一起，讲述着人类的故事。比如在加拿大，我们偶尔会用雪来

听起来似乎太缺乏想象力，但驯化一种植物需要付出大量的精力和时间。许多最受人类欢迎的食物，其最早的野生种源是无法追根溯源的。除了被驯化的物种，人类也会食用数千种地域性野生食材，但绝大多数食材的物种来源仍不为人所知。

人类对动物蛋白的选择同样有限。这些种类繁多的食物来自6.5万多种脊索动物：鱼类、哺乳类、两栖类、爬行类和禽类。然而，其中只有约50种已被常规驯化养殖。我们食用的大部分动物蛋白来自鸡、牛、猪和鸭。但实际上，除了一些剧毒物种，几乎所有的脊索动物都可食用①。此外，在已知的7万种蘑菇中，约有四分之一是可食用的，其他更多品种要么含有危险成分，要么味同嚼木。在我家旁边的果园里，总会有小片的“毁灭天使”蘑菇②突然冒出来。这些蘑菇看起来很吸引人，但会引发呕吐、痉挛、谵妄、抽搐、腹泻和死亡，绝对不是理想的午餐。可能存在的毒性和极低的食用价值，或许能解释为什么这些真菌没有被开发利用。无脊椎动物也是一样。我们喜欢龙虾，也会吃蜗牛、海胆等物种，但并不知道地球上到底有多少种无脊椎动物。当然，我们也不可能遍尝所有的无脊椎动物。

---

① 例如黄金箭毒蛙（Phyllobates terribilis），名字就能解释其毒性，如果你看到这种蛙，千万不要伸手去摸。

② “毁灭天使”是鹅膏菌属中亲缘相近的白色毒菇种，在不同地缘指不同毒菇：在美国东部，“毁灭天使”指黄绿毒鹅膏菌；在美国西部则指赭鹅膏；在欧洲指鳞柄白鹅膏。这些物种都是已知最毒的毒菇，含有与毒鹅膏相同的毒伞肽。—— 译注

*

食物灭绝的想法已经困扰我一段时间了。我每天都在思考，食物给人类生活带来了丰富性与复杂性，而食物体系中可食用物种的消失，正在削弱这种多样性。有了植物，有了动物，才有了烹饪。

烹饪很重要。如果烹饪很重要，那么食材也很重要，产出它们的生态系统同样重要。从冰岛回来后，我仍然记挂着冰岛的奶牛，决定要更多地了解那些支撑我们食物体系的动植物所面临的一系列威胁。有些食物已经消亡，但每种食物都有自己的故事。

研究食物的灭绝 —— 这个念头在三万英尺的高空突然出现。为了让念头变成执念，变成一个故事，我需要和对此抱有同样执念的人分享。我知道该找谁谈。飞机飞过格陵兰岛上空，我享用着耶鲁节[1]大西洋鲱[2]，心里有了计划。我靠着舱壁打起盹来。此时的我完全想不到，在不到24小时之后，我就要被鸟儿袭击了。

*

14 我被一群海鸥“打劫”了。那是一个温暖的早晨，我在固兰湖岛[3]

---

① 古代日耳曼民族的宗教节日，接受基督教化后，他们改为庆祝更著名的圣诞节，所以耶鲁节相当于圣诞节的前身。—— 译注

② 就是圣诞鲱鱼。真的。它确实是一道菜，而且是在冰岛航空的圣诞菜单上。

③ 固兰湖岛是加拿大温哥华市内一个半岛，位于福溪南岸，隔水与温哥华市中心相望，固兰湖街桥横跨其上。—— 译注

的公共市场里闲逛，试着倒时差，时而懒洋洋地在笔记本上记录几笔。我已经计划好如何扩展我在飞机上“灵光乍现”的时刻了。在脑海中描绘出食物灭绝的故事是一回事，要写下来却完全是另外一回事。三杯咖啡下肚，我决定去市场的海滨庭院吃午饭。我买了一盘泰式炒河粉，戴上耳机走出门去，城市的桥梁、塔楼和波光粼粼的海洋吸引着我。市场的庭院就像是城市的后廊，一座隐藏的绿洲。这里肯定能激发我的灵感。

海鸥停在门上。我摆弄着泰式炒河粉、笔记本电脑、苹果手机和咖啡，以为整座庭院都属于自己，完全无视了门上“警告攻击性鸟类”的标志。毕竟，警告都是针对游客的。我是本地人，熟悉固兰湖岛和这里的一切。我太自以为是了。六只雄性大海鸥气势汹汹地飞来，愤怒地拍打着灰绿色的翅膀，啄着我的头。它们还用坚韧的小爪踢我的眼睛。几秒钟后，食物掉落在地，咖啡也洒了我一衬衫。我蜷在笔记本电脑下面，纳闷这么不愉快的事情怎么会伴随着这么滑稽的吱吱声。一个滑着冲浪板的年轻女人从海上经过，表情惊恐，看来她在我身上看到了可怕的预兆——某些迹象表明，如果她不小心对待自己的人生选择，也有可能会被一群沾满酱汁的尖叫海鸥包围。

我惊讶地看着鸟儿们糟蹋我的午餐，直到它们心满意足地扇动翅膀，尖叫着飞走。我摸了摸头顶，意外地发现手指上有血迹。我知道有人会想知道刚刚发生了什么，而我也正想引诱他加入我关于食物灭绝的实验计划。这是命中注定。

“你不需要缝针。不过这件事令人印象深刻。”

我的老朋友非常努力地克制着笑意。他心里是有点偏向海鸥的，我能理解。他从野外工具箱中拿出消炎药，轻轻涂在我的头皮上。

“你知道，海鸥这种惊人的攻击性是很有趣的行为。”

“它们围攻了我，抢走我的泰式炒河粉——我想吃泰式炒河粉！”

他不置可否地咕哝了一声。“它们越来越适应城市生活了。我得去那儿安几个摄像头，看看能不能捕捉到更多攻击行为，够我写出一篇会议论文。我能给你头上的伤拍张照片吗？”

为了保护他的身份，我就叫他“地理学家丹”吧。他痴迷于研究那些不需要人类保护的动物：浣熊、老鼠、邪恶的海鸥。他关注这些和人类在一起的动物的生活，尽管大多数人甚至都不愿遇到它们。他喜欢的那些动物，即使是不愿穿皮靴的纯素食主义者也会偷偷摸摸一脚踩死。丹是我大学时的老友，他熟悉动物世界中每个狡诈分子。有些动物是我们可以在野外欣赏的，有些动物是我们当作宠物饲养的，有些动物是我们用来吃的。当然还有其他动物。丹生活在它们的世界里。

我和丹都曾在多伦多读书，现在都在加拿大西海岸教书。我们聊了聊研究补助金和田野调查的事儿，他同情地听着我有关食物的胡言乱语，偶尔也会让我尝尝昆虫。我默默提醒自己，午饭时要注意饭菜里有没有长了太多腿的东西。丹很快做好了一餐：重新加热的罗宋汤配一大块酸奶油，汤上撒了一把切碎的青葱和韭葱，再配上一块美味的脆皮酸面包。汤里有卷心菜、辣椒粉和刚切好的莳萝。这道罗宋汤汇集了丹的庞大家族多年来随机收集组合的各种食材，以甘蓝和甜菜打底，用莳萝和辣椒以及其他一些作料调出丰富的滋味。我和丹第一次见面就是因食物结缘，我们争论着香菜的优点①。丹倒了一些酒，我开始猜测汤里的每一种配料。

“你在想什么？”丹问，“你好像比以往更迷恋食物了。”

“我一直在思考这样一个问题：作为烹饪组成部分的物种一旦灭绝，会直接影响到人类的饮食文化。或者说——这是食物的灭绝。”

“我知道你觉得我从不担心物种灭绝问题，但实际上，环太平洋地区海鸥的数量正在逐渐减少。个中原因我们不得而知。人类的食物也是如此吗？我想我们似乎有非常确凿的理由来保证食物物种的生存和健康。我们吃的食物肯定很少会发生灭绝吧，毕竟我们很重视它们。”

我没说话，吸着汤里的热气。“没那么简单，食物的灭绝也并非那么罕见。我一直在想，如果我们研究一下历史上的食物灭绝问题，或许就能了解我们的饮食体系正处于怎样的危机之中。”

“不过，如果我们吃海鸥的话，我想我们会更关注它们的数量。”

17

“等等，这不是……丹，汤里没放海鸥肉吧？”

“不不，还没有——我是说，真的没有。”

“你不能给我吃海鸥肉。”

他顿住了：“这我可不能保证。”

自从那次奇怪的鸟类袭击和我们谈话后，我的想法终于落实成了具体的行动计划。我不认为海鸥是一种可能受到威胁的物种，因为它们在

---

① 我讨厌香菜，而他认为任何人都可以通过训练而喜欢上它。到目前为止，这件事依然没有定论。但十年过去了，我仍然认为香菜尝起来像肥皂，这要归因于10%的人中嗅觉受体基因OR6A2的变体。

我周围拍打着翅膀尖叫，偷走我的泰餐。丹不认为食物受到物种灭绝的威胁，因为我们需要它们、重视它们。很少有人将自然界和食物物种直接联系起来，毕竟在人类的大脑中，思考这两个问题的是完全不同的区域。我们都这样认为。我可能会责怪丹觉得食物物种不会面临灭绝危机的想法，但我确实也很难想象，他邪恶的海鸥（以及老鼠和蟑螂）在栖息地丧失和气候变化等威胁面前是脆弱的。

我想了解哺育人类的自然世界和养育我们的饮食文化之间的联系，以及当食物消失后，这种联系会发生怎样的变化。这是一个关于“绝世美味”的故事：事关那些我们过去常吃、现今却已灭绝的物种。一种消亡的食物不仅仅意味着人类失去了热量的来源，还昭示着食物链上的一处断裂。当我们失去一种食物，就会失去与之相关的食谱、制备和收获的技术，经济上的利基[①]也会随之永远消失。想了解这一损失的范围究竟有多广，我不禁要问自己一个始终难以释怀的问题：食物的灭绝现在有多严重，以后会发展到什么程度？

*

我不是第一个思考食物灭绝问题的学者。公元77年至79年，古罗马学者、作家老普林尼（Pliny the Elder）撰写了《博物志》（*Naturalis Historia*），其中大部分内容是他在沐浴时写成的。他向一位仆人口授笔记，另一位仆人则为他朗读浩繁藏书中的某些段落。作为韦帕芗皇

18

---

① 指被忽略且尚未完善供应服务的某些细分市场。—— 译注

帝（Emperor Vespasian）的行政官，老普林尼的日子过得很充实。他会一直写到深夜，出行的时候也让人抬着他走，因为这样就可以在路上记下一些内容，还能抽空训斥他的外甥小普林尼（Pliny the Younger）不会充分利用时间。老普林尼为帝国的树木和植物编目时，特别关注罗盘草——古代最宝贵的草药之一。尽管老普林尼在他的作品中展现了高超的描写天赋，但他只能从四个世纪前的古希腊哲学家泰奥弗拉斯多（Theophrastus）的《植物探究》（*Historia Plantarum*）中照搬有关罗盘草的记录。老普林尼拥有财富和权力，但可能从未品尝过罗盘草。据记载，这种植物用途广泛，时人认为它是来自阿波罗的礼物。

现在我们有个问题要问自己：作为罗马世界最重要的贸易商品、最具价值的食物和药材之一，罗盘草为何就这样消失了？老普林尼在灯下边沐浴边写作时，也问了自己这个问题。他是已知第一位质疑食物为何会消亡的学者。这么美味的东西怎么就这样消失了？

灭绝是自然界的一部分。地球上每一百万个物种中，每年大约会有一个物种灭绝。由于地球上大约存在一万种已知的可食用物种，在平衡的生态系统中，我们可以预测每个世纪都会有一种食物灭绝。然而，它们会遇到一种特殊的应激源：人类的捕食。从历史上看，食物的灭绝率大约是背景灭绝率①的五倍。

每一个消失的物种都给当今世界食物体系留下了重要教训，也揭示

19

① 背景灭绝率（background extinction rate），又称正常灭绝率，指在人类成为灭绝的主要因素之前，地球地质和生物史上的标准灭绝率，主要通过大型生物集群灭绝的速率推算得出。——编注

了生态的脆弱性，这威胁着地球上动植物的生命。我们的生态系统并不平衡——几乎可以肯定地说，消失的食物会越来越多。

食物的灭绝并非始于罗盘草——只不过这是我们关注到的第一个损失的物种。在旧石器时代，人类的食物就已经发展成熟了，我们的故事就从那里开始。旧石器时代不仅是很多食物盲从现象①的理念来源，而且它占据了人类历史进程中95%的时间。旧石器时代的人类是游牧式的狩猎采集者。深入研究真正的旧石器时代饮食也让我有了一个很好的借口，能花一些时间研究我最爱的、最有魅力的物种之一——猛犸象。我找到了研究的出发点。

早在我们定居城市、发展农业，或是考虑开家餐馆之前，早期智人就猎杀了许多巨型动物群的大型动物。我不打算去探讨所有消失的野兽，这也不是一份详尽的"灭绝食物清单"。我在此提到这种巨兽，只是为了举例论证。我们无法绕过猛犸象，因为它属于在生态系统中扮演重要角色的关键物种。猛犸象的消失改变了地球，改变了人类，也为生活在当下的我们上了可资借鉴的一课。

但在讲猛犸象之前，有件事需要先交代一下：让我们回到布里亚-萨瓦兰和法国大革命时期——除了餐馆②和弑君之外，法国大革命还带来一种可怕的严酷考验：物种消亡。

---

① 指某些与食物有关的健康资讯，在未受科学证实之下，借由似是而非的伪科学论点在社会中快速传播，有时夹杂玄学宗教论点，导致大量民众盲从的现象。——译注

② 随着法国大革命的爆发，为贵族服务的厨师大量失业。那些逃过了断头台的厨师开办自己的餐馆，以满足崛起的资产阶级高雅的口味。——译注

第二章

神灵与怪兽

渡渡鸟本不应如此著名。这种不会飞的大鸟是鸽子的近亲，数量并 20 不多，只生活在一座偏远小岛上。在美国独立战争前十年，这种动物从地球上消失了。当我在本科生的课堂上谈到灭绝问题，让学生们说出诉诸脑海的第一种灭绝生物时，大多数人都提到了渡渡鸟。这或许是因为渡渡鸟的外形非常引人注目，又或许是因为它在《爱丽丝梦游仙境》中出现过，但更有可能的是——我们记得渡渡鸟是因为它是最早真正被注意到的灭绝生物之一。老普林尼写到罗盘草时，也认为它只是消失了，或许会在以后重新出现。对于西方世界来说，理解灭绝需要巨大的认识飞跃，而这种认识徘徊在异端邪说的范畴。

但我们先讲渡渡鸟。不要太看重这种长着超大鸟喙的友好大鸟，因为它毫无存活下来的机会。对欧洲人来说，渡渡鸟是一种非同寻常的鸟， 21 几个世纪以来，他们一直认为它只存在于神话中，是一种摇摆而行的独角兽。但这种鸟是真实存在的，栖息在遥远而美丽的毛里求斯岛上：这里方圆2000平方公里，由森林和火山组成，郁郁葱葱、水源充足。毛里求斯是马斯克林群岛的一部分，位于马达加斯加以东，隐藏在印度洋中。它拥有几百公里的白色沙滩和世界第三大珊瑚礁。由于地理位置偏远，它并没有受到历史进程的影响。直到古典时代后，这座岛屿才有人居住。希腊人可能知道它的存在，阿拉伯人曾在地图上勾勒过它的形状。但直到1507年葡萄牙人到访之后，毛里求斯才广为人知。

因为位置偏远，这些岛屿成了世界上最稀有的一些动植物的家园。岛屿上的进化有点疯狂。小动物变成大动物，大动物变成小动物。鸟类没有天敌，于是在地面上行走。毛里求斯到处都是不会飞的鸟类和大型爬行动物，生态环境长期保持着相对稳定的状态。这里充斥着外来物种，每一种生物都在自己的生态位①上茁壮成长。五百年后，这座小岛几乎面目全非。原始森林只剩下2%，100种动植物已经灭绝。这几乎等同于整个北美洲大陆同期损失的物种数量，而北美洲大陆的面积比它大了整整12000倍。这100种灭绝生物中，只有一种广为人知。

让我们回到1507年到访毛里求斯的第一批葡萄牙水手中间。他们的目光立刻被岛屿低地上一种星罗棋布的鸟儿吸引了。渡渡鸟从前不为人知，它们是400万年前定居在毛里求斯的某种鸽子的后代。由于没有天敌，这种鸟失去了飞行能力，开始在地面上筑巢。渡渡鸟还表现出了

22

① 一个物种所处的环境及其本身生活习性的总称。每个物种都有独特的生态位，区别于其他物种。生态位包括该物种觅食的地点、食物种类和大小，及其每日的和季节性的生物节律。—— 译注

“岛屿巨型化”[1]的奇怪特征。我们往往把渡渡鸟想象成中等大小的鸟，但事实并非如此。大多数鸽子的体重只有几公斤，而成年渡渡鸟的体重达22公斤左右，有近1米高。虽然这种鸟现在被描绘成肥胖笨拙的模样，但这可能反映了某种事实：现存的少量图像是根据欧洲和印度圈养的渡渡鸟绘制出来的。这是一种引人注目的鸟：它周身棕灰，脚是黄色的，尾巴上有一簇羽毛，喙是黑色、黄色和绿色的。它看起来有点“五大三粗”，是那种人们不愿在黑暗小巷里“狭路相逢”的鸟——它的喙可以轻易咬碎骨头。

海洋探险者往往会尽可能掠走旅途中遇到的一切，把宝石、黄金等标准的宝藏以及有趣的动植物标本带回家，以期用某种方式牟利。一些渡渡鸟被带到英国和欧洲，一些被带到印度。我们之所以知道它们的具体模样，是因为这些分散在各地的“幸存之鸟”被画了下来。它们被人当作珍奇动物展出，以此为主人牟利。现知唯一关于渡渡鸟造访伦敦的目击者是英国作家哈蒙·埃斯特兰奇爵士（Sir Hamon L’Estrange），他这样描述自己的经历：

> 大约是在1638年，我走在伦敦的街道上，看到一块布上挂着一幅奇怪的鸟类画像。我和一两个人一起去看（那只鸟）。它被关在一个房间里，个头很大，比最大的土耳其公鸡还要大一些。它腿长脚大，更结实、更粗壮，体形更直，颜色像小公鸡的前胸，背部有着和马或鹿一样的轮廓。管理员说，这是渡渡鸟。

---

① 指孤岛上的动物变得巨大的生态现象，通常出现岛屿巨型化的地方都没有大型食肉哺乳动物。——译注

23　在毛里求斯，渡渡鸟的情况并不理想。一些渡渡鸟先是被葡萄牙水手吃掉，后来又被荷兰人吃掉。1638年，荷兰人到此定居，以荷兰共和国的统治者“奥兰治的毛里斯”（Maurice of Orange）之名为岛屿命名。这些定居者至少给我们留下了关于渡渡鸟肉的几种烹饪记录，不过这些食物到底有多美味，人们的看法不一。绝佳的饮食记录早在定居者到来之前就出现了。其中一篇写于1598年，第一次带队进行大型远征的荷兰海军上将威布兰德·范·沃韦克（Wybrand van Warwijck）指出，渡渡鸟煮得越久，肉质越硬，不过胸脯肉却很鲜嫩味美。1634年，托马斯·赫伯特爵士（Sir Thomas Herbert）在游记中给出了更为完整的记录。他指出，这种鸟之所以出名，更多是作为一种新奇事物而非食物。他说：“就味道而言，它们令人作呕，而且没有营养。”

渡渡鸟可能只能勉强下咽，而人类的贪婪也并非导致其灭绝的唯一原因。人类到达毛里求斯的同时，也带来了非人类同伴——其中既有他们选择的伙伴，也有自发跟随人类而来的。这处岛屿殖民地并不繁荣，居民从未超过几十人。1710年，荷兰人完全放弃了这里，却留下了与人类完全不同但更为持久的入侵者——老鼠、猪和猴子。这些动物摧毁了岛上的生态平衡。渡渡鸟在地上筑巢，每季度产下一枚大蛋。这些蛋很容易成为入侵物种的猎物。可资获证的最后一次渡渡鸟目击事件发生在1662年。很快，它们就被人遗忘了，同时被遗忘的还有不会飞的红秧鸡、毛里求斯冕鹦鹉、毛里求斯鸱鸮、毛里求斯夜苍鹭，以及岛上其他消失的动植物物种。就好像它们从未存在过。

1833年6月1日，渡渡鸟才被重新发现。那一天，类似《国家地理》的英文期刊——由“实用知识传播协会”出版的新一期《便士杂志》（*The Penny Magazine*）生动地描述了一种消失的鸟，还附上了我们都能想象得到的图片——因为我们现在提到渡渡鸟的时候，仍然在使用这张图。他们声称，这张照片“代表了一种鸟，毫无疑问，在两个多世纪前，这一物种曾经存在过，但现在应该已经完全灭绝了。显然，这样的事实提供了一些最有趣、最重要的考量因素”①。

24

当时，英国人正在努力应对上一代法国人引入的一个复杂概念。那是一个虔诚的时代，《圣经》② 中写得很清楚，上帝在创造动物时，就下达了这样的命令：“水要滋生众多有生命之物；要有鸟飞在地面以上，天空之中。”③ 如果一个物种可以在人类手中完全消失，这怎么可能符合上帝的计划？

在深入研究食物灭绝的具体细节之前，我需要探究物种灭绝的概念本身，而我回溯得还不够远。我需要回溯到维多利亚时代，甚至是渡渡鸟时代之前。要理解物种灭绝，我们必须首先回望古代世界。

*

古代世界的人们生活在充斥着神灵与怪兽的时代。虽然缺少建造铁

---

① 在我们这个满是爆炸性新闻的时代，这句话可能看起来并不愤慨，但在维多利亚时代的背景下，这句话的含意相当于加了三个感叹号。

② 出自《圣经·创世记》1:20，本文中的中文《圣经》引文均引自和合本。——译注

③ 或者蹒跚而行。渡渡鸟只有从高大的东西上摔下来时，才能算出现在天空之中。

25 路、制作紧身胸衣和礼帽、修建狄更斯式贫民窟的各项技术，但古人对地球上逐渐消失的生物的了解，比我们曾经认为的要多。古希腊人、罗马人和中国人经常从出土化石中想象出一个失落世界的遗迹，其中充满了奇妙的人和生物。有3000年历史的卜筮书《易经》（*I Ching*）将这些化石统称为“甲骨”，并指出，对发现它们的农民来说，这是个好兆头，因为它们很有价值，在田里找到它们会得到物质上的奖励。阿德里安娜·梅厄（Adrienne Mayor）在《最初的化石猎人》（*The First Fossil Hunters*）一书中写道，希腊人和罗马人从这些巨大的骨化石中看到了一个生机勃勃的年轻世界的遗迹，在那个世界中，一切都更加宏伟。这种关于正在衰落的世界的叙述既是神话，也是现实。如果说人类是英雄时代的一种遗存，那么希腊人和罗马人渴望得到那个神话时代的遗产。化石成了令人垂涎的珍宝，是古代上层社会必备的装饰品。

罗马浴池有一种跨越时空的魅力，唤起了人们对这类建筑的向往。浴池的房间一般很宽敞，四周装饰着壁画和马赛克砖，中庭种满了植物。这里环境优雅，豪华舒适的家具陈设其中，沐浴着凉爽的微风。浴池是对冲突激烈的城邦政治的逃避，为人们逃离大都市的炎炎夏日提供了喘息之机。浴室是开放通风式的，通常配有管道和加热的地板。我在英国巴斯探访古罗马遗址时，被罗马建筑的美感以及桑拿房和泳池提供的舒适所震撼。盯着热气腾腾的水面，我不由想到，这恢宏的水池曾经就在罗马帝国的边缘。我想象着那些存在于意大利的奇迹，想象着橄榄树林、26 忙碌的厨房，还有在灯光映照下，果园里那些漫长又梦幻的晚宴。在罗马人看来，浴池既是权力和财富的象征，又是精明的投资，因为这里还生产食物。罗马人靠庄园种植的果实发家，饱餐一顿，也许在蒸汽浴室里消磨时光之后，就会去参观“独眼巨人”洞（Antum Cyclopis）。这是展示化石的地方，因为最富有的罗马人会用古老的骨头装饰特殊的洞穴。

在对这些空间更详细的描述中，老普林尼提到，马库斯·斯卡鲁斯（Marcus Scaurus）在一个下沉式花园中安放了水池、雕像和海怪的骨头。时人认为，作为对卡西欧佩亚（Cassiopeia）①虚荣的惩罚，这只海怪使埃塞俄比亚的航运业备受折磨，因此也是一种异常宝贵的标本。罗马人相信他们的神话是基于史实的，半人马和巨人的骨头也都是重要的贸易物品。奥古斯都皇帝在卡普里岛有一处度假屋，里面展示着巨大的骨头，他在库迈的阿波罗神庙和泰耶阿的雅典娜神庙也陈列着巨型象牙。君士坦丁大帝曾长途朝圣，去观赏保存在盐矿中的萨提尔②。古代作家们反复讲述着更古老的神话，将化石与史诗联系在一起，这一过程被称为地质神话学③。即使在当时，许多这样的生物也都被斥为异想天开。早在我们对灭绝问题进行现代式探究的几个世纪前，一些古代学者就近乎理解了这一概念。罗马和希腊文明已经对环境中的物种造成了严重影响。夜半时分，至少有一些人会在躺椅上享用着葡萄酒和糕点的同

---

① 希腊神话里的人物，她是埃塞俄比亚国王克甫斯的王后，因为骄傲自大和虚荣而被惩罚。—— 译注

② 萨提尔即羊男，一般被视为希腊神话里的潘与狄俄尼索斯的复合体的精灵。萨提尔拥有人类的身体，同时亦有部分山羊的特征。最近在伊朗盐矿的考古发现天然木乃伊化的男子尸体，看起来非常像希腊艺术中常见的老年萨提尔形象。

③ 从神话传说中发现古代的地质现象，尤其是火山、地震、海啸这样的地质灾难。

时，想到如果人类耗用了太多资源怎么办？ 如果我们是在过度捕猎呢？

远离温暖宜人的家乡，罗马探险家们继续向前探索。跨越古典世界的边界，亚洲中部的塔克拉玛干沙漠深处是炎热明亮的荒地。沙漠北部通向天山。对古罗马人来说，这个地区仿佛只存在于神话之中，是传说中宝石和黄金的发源地。很少有人敢去天山冒险，因为那里气候恶劣，到处都是流沙，会让人出现幻觉。然而，古代学者把探险家的失踪归咎于狮鹫。罗马人认为狮鹫是大漠中真实存在的生物，是寻宝者的天敌。它有锋利的喙、狮子的身体和巨大的翅膀。没有罗马人见过狮鹫，但有些人见过这种生物的骨头，就像巨人和海怪的骨头一样，这被认为是狮鹫存在的有力证据。学者们认为，也许人类正把这些野兽赶至世界的边缘。老普林尼注意到，在有人类定居的地区，某些鸟类已经消失不见，狮子从希腊消失，熊从阿提卡①消失，鸵鸟从阿拉伯消失。人类的所作所为会导致这些动物销声匿迹吗？ 公元1世纪，美食家卢克莱修(Lucretius)②曾这样写道：“一种物种减少，另一种物种增加。”“许多物种一定已经完全灭绝了。”他认为一切事物都会迎来“末日”，他接受这个曾让维多利亚时代非常困扰的概念。

希腊人和罗马人纠结于物种从何而来的问题，这影响了他们对物种消亡的理解。回到罗盘草和泰奥弗拉斯多的话题。他讲过一个关于这种著名植物的奇特故事。罗盘草只生长在北非的一小块土地上，位于希腊殖民城市昔兰尼，也就是现在的利比亚。研究昔兰尼的学者认为，罗盘

① Attica，希腊传统的地理分区之一，伸入爱琴海的半岛。

② 罗马共和国末期的诗人和哲学家，以哲理长诗《物性论》著称于世。

草最早出现在公元前7世纪，昔兰尼建城前七年。一场突如其来的黑雨落在大地上，罗盘草就出现在雨落下的地方。在对该地区的描述中，人们提到大片的罗盘草生长在贫瘠的沙漠中。这样的故事很常见，挑战了卢克莱修认为生物会完全消失的观点。大多数人认为，如果一种植物或动物消失，它可能还会突然重现。

28

人们之所以只发现了狮鹫的骨头，却从未发现过狮鹫本身，会不会是因为人类杀死了它们，或把它们赶走了？这种推理站不住脚，因为它违背了亚里士多德的观点：即物种是不可改变的（但能够自发再生）。这种观点后来对《圣经》思想产生了影响。除了卢克莱修，大多数学者认为物种是不变的。18世纪植物学家卡尔·林奈（Carl Linnaeus）编写第一份地球物种目录时，没有在书中囊括已经灭绝的动物。学者们认为物种可能会在当地消失，但它们肯定会在其他地方存活下来，或者再生，在众神和女神的意志作用或在神秘的黑雨中重新出现。林奈根本不相信人类会严重破坏造物，他认为“我们永远不可能相信一个物种已经从地球上彻底消失了”。灭绝概念逐渐被遗忘，就像传说中天山狮鹫的原始头骨。

*

为了巩固对灭绝的理解，我们需要了解三个特别的人。他们喜欢解决问题，也经历了思想动荡的时代。第一位是乔治·居维叶（Georges Cuvier），他对灭绝的描述与我们今天所了解的概念相差无几。另一位是查尔斯·达尔文（Charles Darwin），他将物种灭绝纳入了对地球生命的更广泛理解之中。还有一位是路易斯·阿尔瓦雷茨（Luis Alvarez），他完善了我们对灭绝的理解。灭绝是进化的黑镜，达尔文认为这是一个必要但令人不安的概念。要发生变革，就必须有死亡。

29 生命的故事通常被写作适者生存，但对大多数物种来说，压倒性的现实是进化的亚军很快就会被淘汰。每个生态位都会塑造物种，偏好使某些个体具有最微弱生殖优势的随机突变。随着时间的推移，这些突变聚集到分化的地步时，一个适应生态、气候和其他物种的新物种就兴旺发展起来。然而，这种适应是没有保证的，当气候变化太快、生态位被破坏，或是物种被竞争淘汰，灭绝便成为一种严峻的可能。荷兰人登陆毛里求斯时，渡渡鸟已经离灭绝不远了。在老鼠、狗和猪之间，再没有属于它的位置。

但我们如何理解灭绝？更重要的是，为什么灭绝似乎以不同的速度、发生在不同的时期？为什么进化和灭绝这两个相关概念会如此令人困扰？

让我们从最著名的博物学家查尔斯·达尔文说起。很少有人像达尔文那样毁誉参半，他受到的崇拜和厌恶几乎一样多。有关他生平的电影，有对他成就的赞美，有对他科学探索历程的详细记录，甚至包括他最糟糕的探索，比如他在澳大利亚收获甚微的那两个月，以及研究藤壶的那几年时光。我的家乡温哥华在《物种起源》出版150周年之际举办了“进化节”纪念活动。活动包括讲座、达尔文模仿秀、关于达尔文与伽利略的辩论赛、“达尔文与你”系列讨论（包括“达尔文与你的性生活”），甚至还有达尔文生日蛋糕大赛。胜出的是一种被面包师称为“宿主依赖性复制品”的蛋糕。蛋糕上的巧克力蛋很有特色，蛋内含有制作下一代蛋糕的说明，说明书还根据变异性和遗传性进行了调整改良。因此，宿主——也就是面包师，可以挑选一个巧克力蛋，用它烤出一个略有差异的新蛋糕。并非所有科学家都能为蛋糕竞赛带来灵感——从这个意义上说，达尔文是非常重要的博物学家。

30

没错，达尔文是天才，但他花了20年的时间和鸡打交道，却迟迟没有发表有史以来最重要的科学著作之一。他在科学探索中艰难跋涉，怀疑不是每个人都会接受他这一套。即使在今天，仍有一半美国人不相信进化论，不过美国在全球范围内是个例外。相比之下，世界上绝大多数人都相信物种灭绝的存在。尽管从某种程度上说，进化是一种更异端的想法。然而，很少有人知道一个名字：乔治·居维叶，他发展了我们对灭绝的现代式理解。

居维叶是个谜。虽然他被认为是古生物学之父，在当时也很有名气，但关于他的生活记录却很零散，而且相互矛盾。终其一生，靠着冷酷地维护自己的形象，居维叶在动荡的政治环境中生存下来。在信件中可以找到他的一些生平轶事，拼凑出他的野心、火暴脾气和个人悲剧之间的蛛丝马迹。但在公众心目中，他为自己塑造了一个终极科学家的形象，一个将知识置于宗教和政治之上的人。他有无尽的好奇心，有点爱出风头。他差一点就提前一代发表了达尔文的发现。他掌握了理解进化所需的所有知识，但无法接受一个物种会改变，或者像我们现在所认为的那样——产生适应性。在他看来，物种完全适应它们的环境，稍有变动就无法生存。这种固执的观念最终极大地改变了他在科学史上的角色。

他出生时名为让·利奥波德·尼古拉·弗雷德里克·居维叶（Jean

31

Léopold Nicolas Frédéric Cuvier），于1769年出生在法国蒙贝利亚尔（Montbéliard），多病的童年使这位年轻的科学家只能致力于艺术与智识方面的工作。他开始收集自然标本，对此表现出无限的好奇心，有条不紊地开展着工作。年纪渐长，他的健康状况逐渐改善，到德国斯图加特的卡洛琳学院（Caroline Academy）求学四年，表现出色。毕业时，他虽然囊中羞涩，却雄心万丈，搬到诺曼底，担任赫里奇伯爵（Comte d' Héricy）儿子的家庭教师。辅导小孩子并未占用他多少精力，工作之余，他开始详细研究资助人收集的化石，由此打定主意找到了事业方向。他辞去了家庭教师的工作，带着一小笔钱前往巴黎，去开拓自己的事业。当时正值革命期间，他迅速成为一位声名鹊起的学者，也得到了政府的大力支持。他在科学和社交方面的才能迅速有了用武之地，26岁那一年，他获得了大学教授的职位。居维叶对政治很感兴趣，但没人知道他是如何从革命纷争中脱身的。他在法国国家自然历史博物馆担任的职务越来越重要，这也有可能是为了给他颇有影响力的朋友搜集情报。

居维叶在动荡中幸存下来，成了拿破仑的宠儿，被授予骑士头衔。此后，他又一次在权力更迭中全身而退，还得到了复辟的波旁王朝的青睐，被封为男爵。他变得很富有，积累的藏书建成了欧洲最大的私人图书馆之一。他担任大学校长，同时在内政部任职，还被任命为最高行政法院主席。但终其一生，他最热爱的还是科学研究，用毕生去创建一个已经消失的世界。

我们对居维叶的私生活所知甚少，只知道其中满是悲伤。他娶了一位带着四个孩子的单身母亲，又和她生了四个孩子，但他们都死了。悲痛之余，他躲进博物馆，沉浸在自己的研究中。起初，他的目标是建立一座博物馆式的诺亚方舟，完成对地球上所有物种遗骸的收藏。自家博物馆的化石收藏，已经从零星的几件扩充到一万多件，并且都被悉心记录。利用自身的影响力，他鼓动政府资助远征队，前往地球的各个遥远角落，也向业余博物学者征集标本。凭借这些优质研究材料，他可以在舒适的办公室里潜心写作，先后于1812年、1828年完成了关于四足动物化石和鱼类史的两部著作①，后者也被认为是鱼类学研究的基石。然而，令居维叶名垂史册的并非鱼类，而是大象。

32

居维叶是个贪心的读者，他有幸能接触到古代和他所处的时代最伟大的书籍。读到古代世界的神灵与怪兽故事时，他看到了本质的真相——这些内容印证了他作为动物解剖学家的某些经验。1796年4月4日，居维叶以“关于现存大象和大象化石的物种研究报告”为题，在巴黎科学与艺术学院（Institute of Science and Arts in Paris）进行了第一次公开演讲。这是一次大胆的举动，当年他只有26岁，来巴黎才满一年。就是在这一年的时间里，他在博物馆泡了无数个小时，研究被运到这里的象骨。凭借对难题的敏锐洞察力和对动物构造的深入了解，他很快得出了两个新结论：第一，亚洲象和非洲象不是同一物种。第二，他获得的两组神秘大型象形动物骨骼——一组来自西伯利亚，另一组来自北美洲俄亥俄地区——也是两个完全不同的物种。他做出大胆假设：这两个被他称为猛犸象和乳齿象的物种在地球上已经消失——它们灭绝了。

① 指《四足动物骨化石研究》和《鱼类博物学》两部著作。——编注

33

在接下来的几年里，他描述了所谓“我们之前的世界”，那里有着越来越多“消失的物种”。对许多人来说，这属于异端邪说；而对另一些人来说，则纯属天方夜谭。1784年，托马斯·杰斐逊（Thomas Jefferson）对“灭绝”概念提出强烈质疑，他写道：“自然系统就是这样的，没有任何实例可以证明她允许某种动物亡族灭种，她也不会允许自己的伟大作品中留下任何可被攻破的薄弱环节。”作为美国哲学学会（American Philosophical Society）主席，杰斐逊代表了当时的主流，他的话被认定是正确的。在时人看来，世界是崭新的，它是规律的、静止的，是上帝之手造就的。物种灭绝的概念是不可想象的。要让他“失落世界”的概念被人接受，居维叶面临着一场艰苦的斗争。

与同时代人相比，居维叶的优势在于他既广泛阅读了经典著作，又从拿破仑的全球冒险中获取了最新信息。他既能接触到来自遥远国度的机密报告，又能得到隆格伊男爵二世（Second Baron of Longueil）收集的乳齿象骨骼——1739年，隆格伊在俄亥俄河沿岸行军时，偶然发现了这些奇怪的标本。居维叶的高明之处在于，他意识到证据显示为真的东西一定是正确的。猛犸象已经消失了。一旦接受了物种灭绝的可能性，他就迅速用消失的物种填充了那个过去的世界。到1800年，他已经收集到23个灭绝物种，包括被他命名为“翼手兽”（ptero-dactyle）的物种。1812年，他发表了一篇关于物种灭绝的论文，称目前已经有49个物种灭绝，并将“灭绝”这一概念引入西方。但他坚信物种是不会改变的，这让他对进化问题视而不见，在最令人困扰的问题上只说对了一半：一种造物的全部元素怎么会就这样消失？

居维叶对宗教的贡献我们知之甚少，但他反对进化论是基于科学而非宗教原因。他无法想象物种如何能在改变的同时仍然保持其生态位的最佳状态。实际上，他犯了与杰斐逊同样的错误，即不接受灭绝。但我们知道居维叶乐于推翻中世纪的“存在之链”(great chain of being)①概念。在这个概念中，从无生命的物体到上帝，宇宙万物都有自下而上的等级之分，自创世之初就没有改变过。 34

与他同时代的人几乎无法否认居维叶越来越多的证据，他们试图用《创世记》中诺亚的故事来解释灭绝的概念：上帝愿意杀死他所创造的生物。居维叶利用这个故事和其他类似的故事达到了另一个目的：他利用自己丰富的神话知识，推断出灭绝的一个潜在因素可能是许多古代神话和《圣经》中提到的大洪水。这种观点被称为“灾变论”(catastrophism)，认为灭绝是突然发生的。由此，居维叶等人提出的机制很好地纠正了人们对物种消失的认知，如将其理解为一种特殊的造物，或是在灭绝爆发后上帝重新填补地球的行为。

居维叶拒绝通过他面前的证据看到进化的存在，坚持用灾变论来维护造物的神圣性，这使他成为众矢之的。他的对头是法国小贵族出身的让－巴蒂斯特·拉马克(Jean-Baptiste Lamarck)②，一名军人兼植物学

① “存在之链”最早由古希腊哲学家亚里士多德提出，意在说明生物界是一个发展与联系的自然阶梯。到中世纪，“伟大的存在之链”被披上上帝的外衣，万物被分为九个等级，所有事物都被固定在特定的位置上。—— 编注

② 拉马克（1744—1829），法国博物学家、进化论的先驱，最早提出生物进化学说，“后天获得性状遗传”简称“获得性遗传”，强调外界环境条件是生物发生变异的主要原因。达尔文在《物种起源》一书中多次引用拉马克的著作。—— 编注

家。拉马克提出的“后天获得性状遗传”理论是达尔文进化论的前身。多年来，拉马克一直忍受着居维叶对进化的抨击。他终于等到机会，对居维叶的观点进行反击。他完全否认物种灭绝的存在，认为居维叶发现的“消失的野兽”只是进化成了其他生物。

35

一种中间理论认为，物种灭绝确实发生了，但这是一个渐进的过程——是逐步发生的，并非因为神话中的大洪水。这种均变论（uniformism）观点的倡导者是查尔斯·莱尔（Charles Lyell）①，他同时指出，物种可能会重新出现。莱尔的成果极大影响了查尔斯·达尔文，后者将物种灭绝现象纳入他的进化论。达尔文写道，物种是一个接一个地逐渐消失的，先是从一个地方开始，接着是另一个地方，最后从整个世界消失。他将物种灭绝与竞争、环境变化并列为导致物种变化的三大因素，这也是适者生存的必然结果。他的观点占了上风。1832年，居维叶去世，此后他的灾变论渐渐不再被人提起。但居维叶说对了一半，灾变论对理解物种灭绝至关重要，也是理解物种灭绝给食物供应和烹饪构成带来何种威胁的关键。

要证明物种大灭绝可能以爆发的方式发生，还要再等一百年——直到现代科学中的“怪咖”路易斯·阿尔瓦雷茨出现。作为一位杰出的粒子物理学家，阿尔瓦雷茨勤奋且好奇心旺盛。1968年，他因对基本粒子物理方面的研究获得诺贝尔物理学奖。二战期间，他因两次执行原子弹轰炸任务而声名鹊起——他的工作是准确计算广岛和长崎的原子弹

---

① 查尔斯·莱尔（1797—1875），英国地质学家，均变论的主要支持者。达尔文的进化论受到其代表作《地质学原理》的影响。——编注

爆炸强度。

他有和居维叶一样的特质：非凡的个人魅力、旺盛的精力和对优秀公共项目的眼光，他把这种欲望和如狂欢节促销员般的热情结合起来。1965年，他运用 μ 子断层扫描技术在埃及卡夫拉金字塔中寻找其他密室（但没有找到），这场马拉松式的漫长研究耗费了他大量时间，只在1967年第三次中东战争时短暂中断过。他还设计了一个实验，用哈密瓜来演示泽普鲁德（Zapruder）拍下的肯尼迪遇刺影像是如何支持“孤枪侠”理论的[①]。但他最著名的副业是与身为地质学家的儿子瓦尔特（Walter Alvarez），以及两个核化学家弗兰克·阿萨罗（Frank Asaro）和海伦·米歇尔（Helen Michel）一起探索恐龙灭绝的原因，也就是被我们称为白垩纪－古近纪大灭绝的事件（简称“K-T 事件”）。这正是物种灭绝故事中缺失的部分。

36

挖掘土地实际上就是在回溯时间。在水和风的作用下，新的土壤沉降在旧的土壤之上，慢慢被压缩成岩石。不经意间，瓦尔特·阿尔瓦雷茨开启了他的研究：他注意到白垩纪和古近纪地层交界处有一层薄薄的黏土，似乎正是在这个时代，地球上的许多生命快速消亡。他向父亲报告了关于黏土的发现，老阿尔瓦雷茨立即组织了一个小组来分析这些黏土，并在其他地点寻找类似的黏土层。研究小组在全球范围内发现了这一黏土层，还发现其中含有大量的铱元素——这种元素在地球上很少

---

① 泽普鲁德亲眼看见1963年11月22日美国总统约翰·肯尼迪在得克萨斯州达拉斯被暗杀。在拍摄总统豪华轿车和车队经过迪利广场时，他用家庭录像机意外地录下了刺杀的过程。——译注

见，但常出现在小行星上。他们提出，在6600万年前一个非常糟糕的日子里，一颗彗星或小行星撞击了地球，由此产生的混乱导致了大规模物种灭绝。1980年6月，该小组发表了论文《白垩纪物种灭绝的地外原因》（*Extraterrestrial Cause for the Cretaceous Extinction*），公布了这一发现。据他们估计，这样一个直径约10千米的巨大天体的撞击是毁灭性的。爆炸威力相当于广岛原子弹的10亿倍。爆炸和随之而来的海啸直接影响了北美洲和南美洲的大部分地区，撞击产生的巨型过热尘云把许多动物烧成了灰烬。这场大火中产生的大量烟尘，使地球陷入相当于核冬天①的状态，光合作用停滞，整个生态系统崩溃。喷射到大气中的硫酸在低温作用下形成降雨，使海洋酸化，数十年间，大气温度持续下降。地球上约有四分之三的物种死亡。除了海龟和鳄鱼之外，没有大型动物存活下来。恐龙是最著名的受害者，实际上许多其他物种也随之消失了。尘埃落定后，所有生态位重新被释放，我们如今所熟知的世界才开始生根发芽。

37

*

全世界的古生物学家都不欢迎这位诺贝尔物理学奖得主闯入他们的领地。他们公开指责这篇论文，为均变论辩护，无礼地批评该团队的发现。他们拒绝发表该小组的进一步研究，并在公开场合批评他们。但证据还在不断增加。灰尘中含有烟尘、玻陨石和微小的钻石，这是不可思

---

① 核冬天理论认为，使用大量核武器，特别是对像城市这样的易燃目标使用核武器，会让大量烟和煤烟进入地球的大气层，有可能导致极端严寒。—— 译注

议的力量作用的结果。世界上有更多地方发现了K-T层，支持了这一假设。决定性的证据是在墨西哥湾海底重新发现了180千米宽的希克苏鲁伯陨石坑（Chicxulub crater）。石油公司在厚厚的沉积物下发现了巨型断崖，从陨石坑底部提取的岩芯露出了与陨石撞击一致的玻陨石存在。

老阿尔瓦雷茨没能活到自己的理论被证明是正确的那一天，但K-T撞击现已被公认为导致恐龙灭绝的原因。K-T事件是居维叶灾变论的确切例证。

因此，物种灭绝可能会以两种方式发生：一是逐渐发生，作为进化的一部分；二是突然发生，作为某种灾难性事件的结果。它可能是在全球范围内产生影响，也可能只影响局部地区。渡渡鸟和毛里求斯的一批动植物一起消失，就是局部灾难的一个例证——这里的“小行星”就是荷兰殖民者。灾变论很重要，因为如果食物的灭绝只是偶然事件，那么这个问题就值得我们即刻高度关注。人类能够应对随时间推移而引发的食物物种损耗，即使这的确会限制我们的菜单。但如果存在灾难性物种灭绝事件，食物的灭绝将会成为世界粮食系统的真正威胁。伊丽莎白·科尔伯特（Elizabeth Kolbert）在《大灭绝时代》（*The Sixth Extinction*）中详细探讨过这个问题，在过去10亿年左右的时间里，至少有5次震动全球的大灭绝事件。最令人震惊的事件发生在二叠纪末期，大量二氧化碳的释放清除了地球上90%的生命。她认为，更令人担忧的是我们正身陷第六次大灭绝之中，而这一次灭绝是由人类活动造成的。

38

“绝世美味”只是正在发生的第六次大灭绝中的一环。这次大灭绝以人类文明出现的地质时代命名，被称为“全新世灭绝事件”。与其他大灭绝不同的是，此次大灭绝正在进行中，我们有机会积极参与其中，来决定这只是一次小规模灭绝事件，还是会在未来世代的地质记录中留下关于物种大规模灭绝的烙印。全新世灭绝的驱动因素是人类活动，据估计，目前的灭绝速度大约是背景灭绝率的100倍。

全新世灭绝始于大型陆生动物——巨型动物群的消失，地球上几乎所有生态系统中都有物种在随之消亡。食物体系与全新世灭绝的每一步都息息相关——我们过度开发野生动物种群，无情地扩大农田和牧场，在人类的每一处定居点引入外来物种。E.O. 威尔逊（E.O. Wilson）认为，如果现今的灭绝速度持续下去，到2100年，地球上一半的物种都会消失。现如今，我们这个时代的物种中，大约有7%到10%的物种已经消失了。

*

39

丹不请自来，给我看了一段老鼠吃比萨的视频。

雨水拍打着厨房的窗户。我把用黄油和白葡萄酒煎过的红葱调成酱汁，淋上浓郁的奶油。我把酱料倒入现做的意大利面中，撒上美味的斯蒂尔顿奶酪碎、新鲜的龙蒿和榛子碎。我把面端给丹，他一边大快朵颐，一边不忘滔滔不绝地谈着地铁里的老鼠。我望向窗外，雨水汇成小小的溪流，沿着早已消失的河道蜿蜒而去。我们正在看一段循环播放的视频，视频中一只老鼠叼着一块比萨爬上地铁楼梯。

“我倒想看渡渡鸟这么做。难怪老鼠是胜利者——你看它的样子。”丹说。

“我必须承认，渡渡鸟可能不会在纽约地铁系统中繁衍壮大。”

“所以这个项目——你是要把历史上的物种灭绝和我们现在的食物体系联系起来吗？”

“是的，”我挑起盘中的意大利面，“我们知道物种灭绝是有原因的：栖息地丧失，或者某种动物的数量本来就不多。”

丹朝我挥了挥叉子。“当然，也可能是动物将面对一种人类的新技术，或是受到入侵物种的挑战。所以你要从哪里着手呢？你觉得食物的灭绝是从什么时候开始的？”

“我想是从巨型动物群开始的——早在更新世就已经开始了。农业发展起来后，这种影响显而易见地扩大了。突然间，我们的食物体系需要养活更多的人，对生态系统产生了更广泛的影响。地表上约14％的土地已经用于种植农作物，还有约25％的土地用于种植草料。”

“然后工业化农业出现了，对吗？”

“要晚一点。首先出现的是贸易，一开始是区域性的，然后是全球性的。”

40

“意大利面最好不会受到威胁——我想再来点。”

我们都想再来点。

人类食物体系在地球生态系统中的地位，就像巢中的蛋。起初，作为狩猎采集者，人类造成的干扰很轻微，但不可被忽视。人类是在更新世发展起来的，这一时期持续了大约200万年，在1.17万年前结束。此后迎来了新纪元——全新世。冰川消融，地球变得温暖，农业得以发展。我们砍伐森林，烧毁草原，使河流和溪流改道。这种行为对地球的影响虽大，却无法与崛起的伟大贸易帝国相比——它们将人类与餍足欲带到了地球上的每一个角落。工业化农业的发展 —— 特别是化肥和机械化的发展再次扩大了这种影响的范围。

第五个食物时代即将来临，在这个超乎想象的技术时代，人类食物系统这颗蛋开始逐渐膨胀，几乎与它的巢相匹敌。一些科学家认为，这些深刻的变化让我们正在进入一个全新的时代 —— 人类世，这是人类的时代。我会在后文详细讨论这个问题，这里不做展开。我想说的是，我们的食物体系和饮食的未来，取决于我们如何协调以下两者的关系：人类活动的规模与被我们称为“家园”的地球对人类活动的限制。

丹用面包把最后一点酱汁蘸了个干干净净。“我们一起吃几顿晚餐吧，每顿晚餐聊一个话题。我们就做和这个项目相关的菜式，由你来下厨。我知道你脑子里有很多菜谱，而且我总是很饿。”

我顿住了，心不在焉地晃了晃酒杯。晚餐的主意听起来不错。

41

“我很有兴趣，但我们怎么用已经灭绝的食物做菜呢？我可不想做一些奇怪的后现代主义的事儿，比如让我们默默地盯着空盘子。”

丹变得相当兴奋。“看这只老鼠。看看它在做什么。”

“吃比萨？”

“并非如此 —— 好吧你说得对，但不完全正确。它吃东西是因地制宜的。在野外，它吃种子、坚果和水果，但在地铁这个陌生而充满敌意的环境中，它会吃比萨。”

“在纽约，每个人都吃比萨。我看不出这有什么联系。”

“它会因地制宜。我们也因地制宜。你把材料准备好，我们做一顿饭，用的食材都是与你正在研究的灭绝的食物差不多的食材。我们可以用我的厨房，那里空间更大。”

丹那间装备齐全的厨房促成了这笔交易。他出钱请了装修设计师，把一间标准厨房和两个相邻的房间彻底改造成了美食频道中的梦想厨房，尽管他大部分时间都在笔记本电脑前吃比萨。“绝世美味”晚餐计划就这样诞生了。如果我要书写潜在的物种大灭绝，至少要先吃饱。

“那我们从哪里开始呢？冰河时代？”

“可以，”我边洗碗边回答，“我们可以先解决奶牛的问题。”

丹愣住了，最后一块面包还没来得及送到嘴边。“我想再次重申——奶牛不存在灭绝问题。你没见过奶酪吗？”

背景中的笔记本电脑屏幕上，老鼠拖着它的那块比萨，沿着永远也走不完的楼梯往上爬。是时候深入研究巨型动物群的衰落了。

第三章

穿越草海

42

“你觉得我们需要多带一罐汽油吗？”

我的朋友香农正熟练地整理装满各种用品的桶。水。急救箱。逃生包。帐篷和装备。备用汽车零件。驱虫剂。更多驱虫剂（她以前和我一起旅行过）。此刻的客厅看上去就像我们正要进行一次大远征 —— 从某种意义上说也确实如此。我们要向北3000公里，去加拿大最偏远、最美丽的地方做研究。我们也将穿越回农业出现之前、满是草原和苔原的世界，最重要的是 —— 那里有巨型动物群。如果想了解猛犸象和让现代奶牛得以存续的食物灭绝，我需要一处足够开阔的场地来观察奶牛。我常收到育空地区①的邀请，让我去了解北部的饮食文化。

加拿大的北部并不宽容，并非我愿意只身前往的地方。幸好我有一

① 加拿大三个行政区之一，位于加拿大西北部。1898年6月13日，育空正式加入加拿大联邦。—— 译注

位疯狂到可以一起开车北上的朋友，她适应旷野里的生活，能保证我不会因为忘带驱虫剂而变成苔原上的一堆白骨。她的本职工作是律师，也是一位不折不扣的旷野发烧友。我们有道路信号弹、起火器、应急毯和两个备用轮胎，还有斧头、刀子和折叠式铁锹。香农那只活跃的小黑猫裘德在一只只箱子上跳来跳去，看起来忧心忡忡。

“又一罐汽油，”香农自言自语道，“不知道还有没有。再来把备用斧头，多带些零食。”

“太好了，零食越多越好。我赞成把零食都带上。”

我把裘德从装着物资的桶里捞出来，思绪转向北方。我想看看农业出现前的世界，想迷失在天空和连绵的草海之间。

北方是古新世的投影，一个没有农场和围栏的世界。一路向北，要花几天时间穿过蜿蜒的高速公路和广袤的森林。每到一座城镇前，我都对午餐抱有很高的期待，却只遇到了空荡荡的十字路口、几座饱经风霜的房子，或许还有一座加油站。我有几小时的时间思考奇怪食物的种种细枝末节。不列颠哥伦比亚省（British Columbia）最北端的丹尼斯餐厅位于特勒斯（Terrace），在加拿大和美国边境的和平拱门以北约300公里的地方。我甚至吃不到24小时咖啡店里的煎饼——多奇妙的感觉。

到达道森市（Dawson City）时，太阳还未沉入地平线。时值七月，这里的夜就像家乡慵懒的夏夜一样晴朗。我们享用了涂满柳兰酱①的酸

① 加拿大人将柳兰花和柠檬汁煮沸过滤，收集的液体再加入果胶和白糖，熬煮后得到粉红色的柳兰酱，可以抹面包食用。——编注

面包、腌云杉叶尖[1]和拉布拉多茶[2]。一天早上，一位可爱的厨师端上一沓热气腾腾的酸面[3]薄饼，上面点缀着野生蓝莓。我睡得香、吃得好，呼吸着清新的空气。大多数时候，这里四野无人，到处都是野生动物。44乌鸦冲我们嘎嘎地叫，黑熊对着我们的车横眉立目。一天晚上，一只灰熊兴高采烈地经过我们的野餐地点，吓得我脖子上的汗毛都竖起来了。天空是最深的蓝色，空气中弥漫着植物、阳光和冰的味道。我在育空地区的梅奥村（Mayo）找到了一家非常友好的比萨店，墙上挂着一块牌子，记录了该地最低气温：零下62摄氏度。外面，无尽的夏日阳光在河面上闪耀，仿佛在引诱着我们。

周围有不少昆虫。即使有驱虫剂，蚊子也会像吸血毯一样成群结队地落在我身上。它们像嗡嗡作响的烟雾一样笼罩着大地。香农却对所有昆虫都有奇怪的免疫力，她好奇又惊恐地看着我的脖子迅速肿起来。我试图表现得勇敢一点。

“你知道有一种蚊子以茶树为食吗？”我问。

香农的手臂暴露在阳光下，她平静地看着我成了这些北部昆虫的美餐。“我猜那种茶树产的茶价格更贵。”

“没错，它的味道不同，因为这种植物对叮咬有免疫反应。叶子会产生一种酶。”

---

① 腌云杉叶尖是近年来加拿大一些餐厅流行的菜品。—— 编注

② 加拿大最古老的草本茶之一，阿萨巴斯卡原住民和因纽特人最喜欢的饮料，以杜鹃花属三种植物的叶子制成，口感独特，还具有药用功效。—— 译注

③ 酸面团（sourdough）也叫“天然酵母”，利用野生乳酸菌和酵母发酵面团而成。—— 编注

“你或许可以试试那种茶。没准喝上一杯，蚊子就不会来烦你了。”

我徒劳地拍打着一拨又一拨的蚊子。

几天过去了，在醉心于绿得令人心颤的湖泊、被风吹皱的山坡，躲过一只愤怒的海狸①之后，我找到了想要的东西。返回不列颠哥伦比亚省时，我们的车刚拐了个弯，就被美洲森林野牛包围了。它们沿着公路蜿蜒而行，拦住了我们的去路。香农和我眼睁睁地看着这些巨大的生物在车前走来走去。这一群大概有几十头，皮毛饱满油亮，美丽而野性。公牛战战兢兢地看着我们，母牛则赶着小牛往前走——小牛的棕色皮毛要浅得多。它们被成群的苍蝇团团围住，但似乎并不会为此而困扰。一只1厘米左右的牛虻找准我的胳膊，咬了一大口。还有几只苍蝇绕过香农，朝着我裸露的皮肤飞来。那些高大的动物啃食着青草，慢吞吞地从我们身旁走过。它们可能没比奶牛重多少，但体形更大。或许是因为这里的环境，或许只是我感觉自己变小了。它们有一身柔软的棕色长毛，肌肉壮实。我有种强烈的冲动，想从车里出来，把手指伸进那厚厚的肩毛中。它们就像披着世上最奢华的披肩。有那么一瞬间，我恍然看到了更新世的模样——那个黄金时代也是人类食物灭绝的开端。

45

野牛是那个巨型动物群落统治时代的鲜活象征。哺乳动物抓住了机会——6600万年前，白垩纪大灭绝后，当天空放晴，地球变暖，爬行动物的时代终结，哺乳动物的时代开始了。那是一段草木葱茏的岁月。植被和绿草遍布大陆。陆地上的哺乳动物实现了多样化发展，恐龙的丛

① 作为加拿大的象征，这种勤劳的生物一般脾气很温和。除了这只——它用它的尾巴向我们扔石头。

林让位于气候温和的稀树草原。哺乳动物的体形开始变大，冰川不断涨落，更新世到来了——温和和不那么温和的巨兽统治着草原。在大约200万年的时间里，出现了猛犸象、乳齿象、恐狼、剑齿虎、像小汽车那么大的巨型海狸、美洲骆驼和猎豹、不会飞的巨鸟、角宽3米多的鹿、原牛，当然还有森林野牛。这片广袤的土地上充斥着两类大型动物：群居的食草动物、独居的食肉动物，后者会从警惕性极强的食草动物群落中猎杀弱小和年老的动物。数千年来，这些物种统治着一望无际的丰饶丛林。

46

随之而来的是死亡。在大灭绝的急潮中，世上的巨型动物群开始消亡。在过去的5万年里，世界上一半的大型哺乳动物突然消失，起初是在非洲，随后蔓延到欧洲、亚洲、美洲，直至大洋洲。在北美洲，死亡潮约在1.2万年前到达顶峰，当时有90种体重超过20公斤的物种灭绝，其中包括大树懒、几种熊、貘、美洲狮、巨型陆龟、剑齿虎、巨型美洲驼和两种体形最大的野牛。还有一些麝牛种目连同巨型海狸、巨型犰狳一起消失了。地貌本身也发生了变化。巨型动物将植物（或食草动物）转化为能量，没有动物源源不断地啃食植被，森林开始蔓延，植被也发生了改变。这种模式、这股死亡浪潮反映了人类这一物种的扩张。人类正缓缓扩张、发展，我们的口腹之欲导致了诸多物种的灭绝。

想象一下更新世的人类。我们把这一发展时期称为旧石器时代，这是一个漫长的游牧时代。人类在旧石器时代开始使用工具、出现小规模的集群。人们采集植物和浆果、捕鱼、捡拾大型食肉动物的尸体，也开始猎杀动物。随着艺术、语言和叙事的发展，人类的身体也逐渐进化成现今镜中的模样：智人。人类开始用火、造船，通过双脚和划桨到达更远的地方。大约5万年前，人类制造复杂工具的技术有了飞跃，出现了长矛这样的抛射武器。这使人们能够在更安全的距离之外猎杀动物。① 47 在更新世末期，世界上巨型动物群的消失被称为“第四纪灭绝事件”，密切反映了人类在从更新世向全新世过渡期间的扩张。随着地球变暖，人类开始兴旺发展。第四纪灭绝一直持续到现代，在波利尼西亚人抵达新西兰后不久，那里的巨型鸟类就灭绝了。人类一边迁移一边打猎，当一个地区的大型动物变得稀少后，就继续迁移。

我们怎么知道这些物种是受人类影响而灭绝的？在人类出现之前，大型哺乳动物的灭绝速度与背景灭绝率同步。随着人类的到来，大型陆生哺乳动物的灭绝率以地区为基准接连上升，但大型海洋哺乳动物和小型哺乳动物的灭绝率几乎没有变化（在复杂的捕猎过程中，猎杀小型动物收获太少，而且那时我们还没有学会在海上捕猎）。人类狩猎采集者造成了所谓的生态冲击。大型动物的繁殖速度往往比小型动物慢，巨型动物群的繁殖速度根本不足以抵消人类捕猎所造成的损耗。庞大的体形是这些动物最大的优势，能保护它们免受大多数掠食者的攻击，却使它们更容易成为人类的目标。

体形最大、移动最慢的动物首先消失。气候变化也可能是一个因素。但大量证据表明，这是由口腹之欲引发的灭绝。随着时间的推移，人类改良了技能，发明了更好的武器，能更熟练地使用火力来分散、惊吓大

① 相对而言。站在离一辆小汽车大小的野兽几码远的地方，很可能比只拿一把石刀偷偷走到它面前更安全。

48 型动物。野生动物的进化速度不足以对抗人类的发展。人类学习知识，又将这些知识传授给他们的孩子。狩猎效率不断提高的结果，可以用一种更为人所熟知的灭绝物种来说明——那是居维叶熟悉的动物，也是我最想谈论的动物：猛犸象。

与渡渡鸟一样，猛犸象也是一个已经灭绝的物种。在流行文化中，猛犸象被描绘成一头毛茸茸的大象，长着卷曲的象牙，生活在末次冰期的早期人类中间。但实际情况不尽相同。猛犸象种类繁多，体形有大有小，既能在温暖的气候中生存，也能生活在最寒冷的地方。“猛犸象”一词涵盖了猛犸象属的各个物种，以长牙、能抓握的鼻子和（大多数都有）毛茸茸的毛发为典型特征。就像我在阿拉斯加高速公路上看到的野牛一样，加拿大北方的猛犸象是一种毛茸茸的野兽，习惯凉爽的气候。它们出现在约500万年前，最后的猛犸象一直存活到有文字记载的时代——大约在3500年至5000年前最终消亡。它们是现存两种大象的近亲，除了澳大利亚和南极洲以外，所有大陆上都曾留下它们的身影。猛犸象首先在非洲消失，随后是在欧洲和中国，在北美洲和北极偏远岛屿上存活的时间最长。人类猎食猛犸象，用它们的皮毛做衣服，用它们的骨头和象牙制作工具、搭建住所。

几个世纪以来，人们发现了大量保存完好的猛犸象标本，这让我们对猛犸象有了更多了解。它们体形庞大，有些种属高达4米，重达10吨。不过大多数种属的体形都和大象相近。雄性和雌性都有象牙，从岩画来看，它们可能生活在与大象类似的母系群落中。猛犸象有着和大象同样

49 的劣势，它们的妊娠期较长，需要生活在大片草原上，因此总体数量很

少。通过那些被冰冻的遗体，我们发现它们储备了海量脂肪，因此能在恶劣条件下长时间生存。这或许可以解释，为什么它们在加拿大南方的种群消失很久之后，还能在遥远的北方生存。一旦人类进入城镇，这些动物就会从一个又一个地区消失，但在人类无法到达的地方，它们又生存了下来。

猛犸象就像一座蹒跚而行的流动百货商店，存货是脂肪和蛋白质。它们被温暖的毛皮包裹，长着长长的牙齿——而我们把象牙雕刻成工具、武器、珠宝和艺术品。气候变化暴露出新的遗骸，猛犸象的象牙从永久冻土层的边缘被挖掘出来，至今仍有巨大价值。狩猎采集者主要以植物为食，但他们的饮食中有20％左右来自动物蛋白，这同样很重要。随着人类向北迁移到植物稀少的地区，饮食中消耗的动物比例上升了。小股人类很可能跟随着猛犸象和其他巨型动物群，根据需要捕杀它们。巨型动物群提供了关键的营养，养育了更多更健康的人类后代。它们的存在对人类的发展至关重要。

猛犸象以树木、灌木和青草为食。如果食物不足，它们还会吃苔藓。可供选择的食物较多时，它们更中意草原上芳香的牧草。如果能避免疾病和伤害，它们的寿命可能和人类一样长，年长的猛犸象能一直活到强大的臼齿被磨损为止。从大象的习性来推断，猛犸象四处迁徙是为了避免破坏自己的生存环境。在遇到人类之前，它们的适应力极强。这就是为什么我们把猛犸象的灭绝看作一种食物物种的灭绝。人们曾认为猛犸象的消失是由于气候变化，但考虑到它们广泛的分布范围，这并不合理。猛犸象随着人类活动范围的扩大而消亡，有一些强有力的旁证。我们也

50

发现了一些猛犸象的死亡遗迹，在其中一处残迹，石质矛头嵌入了猛犸象的遗骸。德国赖林根（Lehringen）的一处遗址中，一头猛犸象在12万年前被一根用火淬过的木矛杀死。其中一些遗迹可能是我们已经灭绝的近亲 —— 尼安德特人留下的。从许多满是猛犸象骨骼的人类营地来看，我们可以肯定，这种动物是珍贵的食材。

我们无法完全洞悉早期人类在进入一个地区后，会以多快的速度消灭猛犸象，但可以从猛犸象的习性和繁殖状况方面收集线索。对象牙的研究表明，人类进入象群的领地后，雌性猛犸象的性成熟期开始提前，我们在如今的一些应激动物种群中也能看到这种捕食迹象。（另一方面，气候变化会导致相反的效果。）在一些区域，我们发现了用猛犸象牙和骨头建造的住所，表明在一段时期内，这种大规模屠杀在持续发生。猛犸象可能看起来很凶猛，但很容易被偷袭。用毒箭或长矛迅速一击就可以了，因为它们的腹部和颈部有致命的弱点。大量的象肉可能刺激了一项全新的烹饪技术发明。没有哪个人类种群能在象肉新鲜的时候把它们全部吃光，所以必须将一些猎获的象肉保存起来，供日后食用。考古证据表明，人类给猛犸象肉称重，将其浸泡在凉爽的池塘中，尽量保鲜。后来，为大规模保存类似的肉，最早的食品技术 —— 烟熏、阴干和盐渍出现了。通过狩猎，人类发展出了生火之后第一个至关重要的烹饪技能 —— 储存食物。

我们还可以从古代洞穴岩画中了解猛犸象。一些古老的洞穴群既是 51 住所，也是最早的礼拜场所。有“百猛犸洞”之称的法国的鲁夫尼亚克洞穴（Rouffignac cave）就是一个很好的例证。步行45分钟即可抵达洞穴最深处的装饰室。这里的含氧量极低，大概古代的艺术家们是点燃了灯油中摇曳的烛芯，就着闪烁的烛光创作了这些画作吧。洞顶画着猛犸象、披毛犀、马、野牛和其他动物。洞穴位于地下深处，免受光照和自然环境的影响，这让我们对这些动物生前的外观和颜色有了很好的了解。有些动物被描绘成奔跑的样子，在岩壁上飞驰。艺术家们在岩石上刻下线条，在一些地方涂颜料上色。猛犸象在这些艺术品中占据主导地位，表明了它们的重要性。

我们很难确切推断人们当时是如何烹制猛犸象肉的，但考古学家可以给出粗略的概念。人类在一百万年前就学会了控制火，不过炊具直到两万年前才出现，食用猛犸象肉的时代介于两者之间。人类有锋利的石刀，能把肉切成块或条状，在火上烤熟。北美洲太平洋沿岸地区的人会把鲑鱼切成细条，裹在木棍或木板上，撑在火堆附近烤熟，这种方法也适用于烹饪猛犸象肉。脂肪会从肉上流下，汇集到木棍底部的贝壳中。烹制猛犸象肉的厨师不太可能有盐可用，但从牙菌斑的研究可知，吃猛犸象肉的人也会食用植物，有可能将植物碾碎来腌肉。如今的烧烤技术具有悠久的历史。

乌克兰的一处早期人类遗址显示，这里的人类饮食中含有丰富的植物和猛犸象，这里还有经常烹饪的迹象。肉类的热量会随着烹饪过程中脂肪融化而减少，更容易被消化——消化所消耗的热量成本可以降低15%，至此人类又多了一项重要优势。当然，早期人类并未意识到这一点，他们可以确定的是——熟肉的味道更好。其中一个原因被称为美拉德反应（Maillard reaction），即糖和氨基酸反应产生化合物，使烤

52

焦的食物变得美味。早期人类尝到烤焦的猛犸象肉和野生百里香的味道后，可能非常着迷。

猛犸象属的最后一个物种是真猛犸象，人类随冰川的消退而离去，这些动物也开始灭绝。一万年前，它们从各大洲消失了。在阿拉斯加北部偏远的弗兰格尔岛（Wrangel Island），一个人类从未殖民过的地方，最后的侏儒猛犸象大约在公元前1650年消失。这些猛犸象从未被人猎杀，但它们遇到了另一个问题：气候变化。随着海平面上升，它们的栖息地逐渐缩小，最终，环境无法维持它们的生存。

猛犸象和类似动物的消失留给我们一个问题：没有巨型动物，人类会更饥饿、更虚弱。人类的数量减少，领地也相应地缩小了。我们需要一种与环境互动的新方式。猛犸象不应该出现在菜单上。

*

“你的脖子怎么了？”

从北方回来后，我和丹聊了一会儿。我在道森市及其周边地区拍摄了一些令人印象深刻的“城市乌鸦”照片。那些又大又脏的鸟就像百无聊赖的半大孩子一样在市区里闲逛。丹欣赏了一会儿照片，又开始担心我的脖子。我看起来还是有点“饱经风霜”，身上有晒伤的痕迹，还有许多吓人的肿胀和咬伤。那天早上，我发现一根小木棍缠在自己的头发上。看来还得再洗几次热水澡和衣服，才能回归体面的都市生活。

53

“既献血又献肉，我给当地的生态系统做了贡献。”

“那我们的第一顿‘绝世美餐’呢？我想尝尝腌猛犸象肉。我们认识能弄到猛犸象肉的人吗，比如探险家俱乐部[1]？”

我叹了口气。丹目光炯炯，我知道他被这个奇怪故事中的浪漫吸引住了——人们吃到了永冻层中保存的猛犸象肉。自从几具冰冻的猛犸象尸体首次被发现，各种故事就流传开来，其中最伟大的故事之一正涉及1905年一群冒险家成立的探险家俱乐部。1951年1月13日，他们在纽约罗斯福酒店的宴会厅举办了一次丰盛的年度晚宴，菜单上有蜘蛛蟹、绿海龟汤、野牛牛排（当时比现在更罕见）、芝士条，还有传说中的炖猛犸象肉。最后这道菜被广而告之给俱乐部成员。整个晚宴开启了一种提供珍馐异馔的传统，一直延续至今。这个故事在俱乐部的传说中广为流传，在东70街郁郁葱葱、古物林立的俱乐部总部里，可以找到据说被炖熟的那头猛犸象的象牙——它被挂在一具相当漂亮的企鹅标本之上。当然，无论生前还是逝后，在吹牛的时候，许多俱乐部成员都坚信他们吃到了猛犸象肉。事实并非如此。俱乐部确实打算提供猛犸象肉，他们也声称这道菜是真的，但现在我们知道，那不过是赝品。

猛犸象骗局本来天衣无缝（毕竟晚宴用光了所有证据），只不过俱乐部的一名成员、动物标本制作师保罗·豪斯（Paul Howes）那天晚上没有出席，便询问俱乐部是否可以将他的那份猛犸象肉放在样品罐里寄给他，他想把它作为战利品。晚宴委员会同意了，“猛犸象肉”和它的来

---

① 探险家俱乐部是一家位于美国的国际多学科专业协会，目标是促进科学探索和实地研究，成为全世界探险家和科学家的据点。探险家俱乐部每年举办一次晚宴，以表彰会员在探险方面取得的成就，晚宴以大胆的异国美食而闻名。——译注

54 历一起被送了出去。按照俱乐部的说法，这些猛犸象肉是冰川学家伯纳德·哈伯德（Bernard Hubbard）从阿留申群岛（Aleutian Islands）专为俱乐部弄来的。

豪斯没有吃他那块猛犸象肉，最终它被收藏在波士顿郊区的皮博迪博物馆（Peabody Museum）——一个收藏稀奇物品的小机构。它就这样被遗忘在一间密室里。2014年，该俱乐部的另一位成员、耶鲁大学学生马特·戴维斯（Matt Davis）开始怀疑，这顿猛犸象肉大餐是否真的发生过。他知道古老的肉暴露在空气中会很快腐烂。他的一位教授提到了博物馆的样本，于是戴维斯征询该机构的许可，想对肉进行检验。这并非易事，因为DNA会随着时间的推移而降解，而且肉被炖过，还被厨师和其他食材混合在一起。仔细化验后的结果显示，肉中没有猛犸象的DNA。确切地说，那是绿海龟的肉。肉可能来自用来做绿海龟汤的那只海龟。无论哈伯德采购的猛犸象发生了什么，它都没有抵达纽约。

探险家俱乐部吃猛犸象的灵感，可能来自首次发掘出完整猛犸象时的一个故事。在维多利亚时代，人们对猛犸象产生了浓厚兴趣，急于得到一个优质标本。1901年，一名猎人带着他的狗，在西伯利亚别廖佐夫卡河（Berezovka River）岸上偶然发现了一具冻住的巨大灰色尸体，雅库茨克市（Yakutsk）市长通知了圣彼得堡科学院。昆虫学家奥托·赫茨（Otto Herz）的团队立即被派去认领战利品。探险队东进的过程中，古生物学家欧根·普菲茨迈尔（Eugen Pfizenmayer）详尽地记录了一切。起初，这是一趟田园诗般的旅程。他们乘坐豪华列车，车上有酒吧、餐车、教堂、钢琴和浴缸。奥托怀疑遗骸的存在不过是空欢喜一场，所以他们至少要体面地旅行。到了伊尔库茨克（Irkutsk），他们换乘汽船，再换乘马匹，后来又换乘了驯鹿队。奢华享受被抛诸脑后，在看到猛犸象之前，他们就闻到了它的味道。它还在那里——被冻在它殒命的裂缝里。头部已经被一些野生动物（和狗）咀嚼过，但除此之外一切完好。研究小组在这只动物周围建起一幢小木屋，开始疯狂地解冻地面，以便将它移走。

55

此后的几十年里流传着这样的故事：探险队员吃了这头巨兽余下的肉，来缓解补给不足的境况。但这也是子虚乌有。普菲茨迈尔在笔记中写道，这些肉刚被发现时相当诱人。肉是红色的，满是条状的脂肪，看起来很健康。但解冻后它马上变成了死灰色，迅速凝结成一团腐臭的糊状物，散发出可怕的恶臭。它有3.5万年的历史，不可能出现在任何炖锅里。于是他们切开这头野兽，用牛皮包好，赶到伊尔库茨克，将肉放进一辆冷藏车。在圣彼得堡重新组装后，尽管这只怪兽仍然散发着可怕的气味，但引起了强烈反响。沙皇皇后被这种恶臭吓到，礼貌地问她是否可以参观博物馆的其他地方，离它越远越好。

猛犸象肉。也许我们不想吃它，但它确实仍然存在。这些被冻烧①的遗骸躺在各个博物馆里，随着我们对科技的力量感到越来越乐观，一个有趣的问题出现了：人类能让猛犸象复活吗？这种想法产生于人类第一次发现保存完好的猛犸象遗骸之后。在生物工程兴起之前，这种想法

① 所谓“冻烧”，指冷冻食品因空气进入食品而受到脱水和氧化的损害，表面会出现灰黑色的斑点。——译注

在很大程度上还是科学幻想，但现在，对这一主题略有了解的人和受过数十年专业训练的科学家对此持乐观态度。事实证明，很多人梦想着在一个拥有复活的猛犸象和渡渡鸟的完美未来永生。在一个大自然迅速衰落、无数物种濒临灭绝的世界里，人们很容易认为这个梦想可能实现，但明智的做法是稍微克制一下这种乐观态度。

56 想一想猛犸象。长久以来，人们一直在讨论通过保存下来的遗传物质去复育灭绝动物，这一过程被称为“去灭绝”（de-extinction）。基于基因技术的进步，这种可能性已经开始脱离科学幻想的范畴。这些复活的动物被称为“死灵动物”（necrofauna）。全世界有几十个项目在试图“起死回生”，通常是通过克隆或反向繁育技术。仅复育猛犸象的项目就有三个，分别在日本、韩国和美国。2015年，瑞典科学家发表了猛犸象的完整基因组测序。哈佛大学的一个研究小组已经将猛犸象的一些基因植入了大象的干细胞。利用大象作为猛犸象和大象杂交种的宿主母体，实验人员有可能慢慢将拥有高比例猛犸象DNA的个体带到当今世界，但目前技术还不够完善。贝丝·夏皮罗（Beth Shapiro）在《复活猛犸象》（*How to Clone a Mammoth*）一书中详细介绍了这项技术，包括从冷冻遗体中提取DNA的困难。（动物死亡后DNA会破碎，这给试图复活灭绝动物的科学家出了难题。）将精心制作的DNA片段插入大象的DNA中，并在培养皿中培养出杂交细胞是一个费力的过程。大象能否足月孕育猛犸象也是个棘手的问题，超出了我们目前的技术水平，流产几乎是必然。夏皮罗还提出了一个关键问题：“如果我们成功了，会发生什么？”如果我们希望这些物种不仅仅作为动物园的珍稀展品，它们的家园生态系统中有足够的空间容纳它们吗？它们能战胜其他物种吗？能重新融入食物链吗？

让我们回到我的北方之行，回看为数不多尚未灭绝的巨型动物群——野牛。它们生活在旷野，过着与更新世相似的生活。现存的两种北美野牛尚未灭绝，但也快了。它们的没落结束了美国平原上游牧民族的生活，使大规模殖民和耕作成为可能。如果野牛还在四处游荡，北美洲的肉类产业就不会存在。我一直在想着那些森林野牛。它们为什么会在路边平静地吃草？它们是不是大部分时间都在阿拉斯加的高速公路边徜徉？抑或我们只是幸运地恰巧遇到？香农和我遇到的森林野牛群竟然有一个名字：诺德奎斯特（Nordquist）牛群，它们是这种旗舰物种生存的希望。这也说明，即使在人迹罕至的大陆地区，濒临灭绝的巨型动物群生存下去的难度依然很大。在为维系诺德奎斯特牛群而做出的努力面前，去灭绝主义者的想法显得有些天真。

57

1995年，加拿大环境部引入诺德奎斯特牛群，现有约120至150头牛。早在20世纪初，不列颠哥伦比亚省最后一批森林野牛在吃草时，因人类的猎杀而在当地灭绝。人们普遍认为它们已经彻底灭绝，但在1957年，一架野生动物巡逻机在伍德布法罗国家公园（Wood Buffalo National Park）深处发现了几百只正在吃草的森林野牛，数十年来，它们一直没有被发现。这群野牛为阿尔伯塔省埃德蒙顿附近麋鹿岛国家公园（Elk Island National Park）从美国买来的一群平原野牛提供了它们所需的基因多样性。作为不列颠哥伦比亚省复育野牛战略的一部分，诺德奎斯特牛群便是由这两个亚种组建而来。恢复种群数量只是加拿大森林野牛再生战略的一部分，该战略旨在在全国范围内放归野牛，让它们自由漫步在旷野之中。起初，诺德奎斯特牛群只有49头野牛，随后慢慢发展到现在的规模。不列颠哥伦比亚省现在共有三个这样的牛群。

58 但森林野牛仍然面临着现实的挑战。首先，它们真的很喜欢走上高速公路。森林不再像以前那样频繁起火或被完全烧毁，所以野牛们聚集在唯一空旷的地方：高速公路。每年有10到15头野牛死于车祸，它们的数量增长也会受到狭窄牧草带的限制。改善栖息地需要付出昂贵的投入，包括重新引入火源，以清除森林、让牧草生长。这一过程正在进行中，野牛有望遍布慕口湖省立公园（Muncho Lake Provincial Park），该公园占地8.8万公顷，四周都是旷野——没有道路，也没有人类活动。野牛置身的这片无路旷野比比利时的领土面积还要广阔——不列颠哥伦比亚省的面积相当于三个德国。尽管如此，保护几个野牛群依然是艰难而代价高昂的。

可怕的事实是，只要人类还在，并且以目前的人口增长速度继续发展下去；只要耕作还需要大片土地，维持现有的巨型动物群就是一项任务艰巨且代价高昂的事业。复育灭绝种群更是困难重重，因为这不仅存在伦理争议，而且不切实际。我们可以从包括猛犸象在内的巨型动物群灭绝事件中学到一些东西。繁殖缓慢、生存依赖于巨大空间的大型动物非常脆弱，很快就会成为人类技术和入侵物种的牺牲品。现存的大型动物——如野牛、驼鹿和大象，只有人类不去猎杀它们，并给它们提供足够的空间，它们才能生存下去。我们不能既食用各种大型野生动物，又希望它们一直存在。即使我们试图人工养育这些动物，也会发现这是一种低效的环境密集型做法。这不禁让我想到，我们可以运用从第四纪大灭绝中学到的经验。因为在我们的食物体系中，还有一个巨型动物幸存的案例：奶牛。

第 二 部

牛肉还是鸡肉？

第四章

雅克托鲁夫森林中的野兽

挠挠挠。

61

我的手在抽筋。这头牛的前额上长满了短小的鬃毛。它猛地睁开眼睛，轻咬住我外套的袖口，发出一声好奇的微弱呼唤：哞——

挠挠挠。

我正在阿伯茨福德生态农场（Abbotsford EcoDairy），来这里是为了多了解一点奶牛的生活。这些奶牛是典型的荷尔斯泰因（Holsteins）黑白奶牛，它们很友好，习惯于被游客、学生和像我这样的人碰碰摸摸。我新交的奶牛朋友终于走到机器人挤奶室去挤奶了，这是一个先进技术示范项目，可以让奶牛按照自己的生物节奏挤奶。另一头牛在墙上的旋转刷子上蹭来蹭去，整理着自己的毛发。我喜欢看这些动物移动，尽管它们体形庞大，但还是可以在房间里优雅地踱步。谷仓里飘荡着一股浓重的牛膻味，但并不难闻，这只是一种更浓郁的动物麝香味，整个区域

62

在大部分时间里都弥漫着这种味道。欢迎来到乳制品的国度。

不管友善与否，奶牛都是令人印象深刻又望之生畏的动物。一头成年奶牛的体重可达700公斤。这些家伙不是哞哞叫着要做头部按摩，就是在吃东西。它们需要约一公顷的土地来提供可持续供应的饲料①。这些奶牛每日食量约为体重的2%。在温暖天气里，每日饮水120升，如果处于产奶期的话，则需要更多。它们每天要排出大约40公斤粪便。打扫牛棚可不是个小活计。

我走近另一头牛，它站在那里，平静地咀嚼。它们是陆地上最大的可食用动物，而且数量众多。奶牛被用来制作乳制品、牛肉、牛皮制品；被买卖、被偷、被崇拜；被用来制作汉堡、牛排、勃艮第牛肉、炖牛肉和仁当牛肉；被用来生产奶酪、黄油、酥油、克非尔②、酸奶和冰激凌。我们和奶牛的关系源远流长。

而今的奶牛是人类创造的。无论在何时，地球上都有13亿头奶牛③。奶牛和其他家畜不同。无论出于何种目的，它们的功能都很像已经灭绝的巨型动物群：把草原转化成热量。奶牛打破了我们从猛犸象那里学到的规则。它们体形很大，繁殖也很缓慢，同样需要广阔的土地才能生存。但它们的数量不该有这么多。它们不符合我们所了解的任何野生生态系统。我们以高昂的代价来维持它们所需的大量水、土地和野外

63

① 这个数字取决于纬度，在热带地区所需的面积略小，在加拿大北部或冰岛等地则要大得多。

② 又叫牛奶酒、咸酸奶，一种发源于高加索的发酵牛奶饮料。—— 译注

③ 这是个估值，具体数字众说纷纭，从10亿到15亿头牛不等。数牛的工作比看起来更难。

空间，但如果我们没有忙着用牛和它们的饲料作物覆盖地球，野外空间本来也会存在。全世界奶牛所需要的草场累计起来比美国大陆的面积还要大。而就气候变化而言，最近的研究表明，每头奶牛造成的破坏性影响大过普通汽车。虽然这些数字的细节比乍一看要复杂得多，但饲养这么多奶牛，是人类对环境破坏最严重的活动之一。这是怎么发生的？这种大型动物是怎样成为我们食物体系中如此重要的一环的？这要追溯到更新世末期。

想象一下，底格里斯河和幼发拉底河交汇之处，一个旧石器时代的游牧民族漫游到这片水草丰美的土地。巨型动物群越来越稀少，这个群落开始在渔场和野生植物丰饶的斑块①附近生活。他们开始改良作物、清除杂草、焚烧森林、灌溉土地。随着更新世过渡到全新世，旧石器时代的人类变成新石器时代的人类，农民诞生了。我们称这次过渡为“新石器革命”。

新石器革命包含两条平行的创新之路。一些人努力种植作物——到公元前1万年左右，农民们已经种植出新石器时代的8种奠基性作物：二粒小麦、一粒小麦、大麦、豌豆、扁豆、蚕豆、鹰嘴豆和亚麻。水稻和大豆在中国被驯化。另一条路是对动物的驯化。在美索不达米亚，猪在公元前1.3万年被驯化，羊在公元前1.1万年被驯化。农耕和游牧的创新发展彻底改变了人类存在的意义，为人类提供了两种生存方式。现

---

① 斑块是景观格局的基本组成单元，指不同于周围背景的、相对均质的非线性区域。不同斑块的大小、形状、边界性质及斑块的距离等空间分布特征构成了不同的生态带，造成了生态系统的差异，也调节着生态过程。——译注

在看来，这两条道路似乎没有区别，但在当时存在很大的矛盾：农民需要定居在固定的地方，而游牧文化则需要人们四处迁徙。《创世记》中，该隐和亚伯的故事便充分展现了这种对立关系。该隐是农民，亚伯是牧羊人，他们各自向上帝献祭。我们当然知道接下来发生了什么①，但这个故事有着更为古老的渊源。更早以前的苏美尔传说描述了游牧者和定居在一地的农民之间的冲突，该隐和亚伯的故事也类似于杜姆兹与恩基姆杜的故事②。牧民需要迁徙，农民则需要围栏。牧民和农民之间的紧张关系导致了一种妥协：大规模驯化。曾经自由游荡的动物被禁锢起来，通过随机和有针对性的选择进化为脂肪丰厚、性情温驯的动物。

64

新石器革命是一场赌博。起初，定居生活的代价是使农耕成为一项有风险的事业。人类的整体健康水平下降，以至于现代人类学家想弄清楚，为什么人类会首先放弃狩猎采集生活。作为饮食理论研究者，我怀疑唯一合理的解释是人口数量。当时的人口数量已经增长到收集不到足够多食物的地步，巨型动物群也被猎杀到灭绝。起初，游牧当然是更健康的选择，但从长期来看，农耕才是最后的赢家。随着农场遍布全球，游牧民族发展受限，被迫“隐退”。在美国西部，即使是富有传奇色彩

① 该隐与亚伯是亚当和夏娃的两个儿子。该隐是神话史上第一个谋杀他人的人类，亚伯是第一个死去的人类。通常认为该隐的杀人动机是嫉妒和愤怒。—— 译注

② 在苏美尔神话中，伊南娜是光明、生命和生育的女神，她准备选择一个丈夫。有两个男人想娶她：农夫恩基姆杜和牧羊人杜姆兹。伊南娜倾向于嫁给恩基姆杜，但杜姆兹告诉她，自己的羊群和牲畜比恩基姆杜的田地能创造更多财富。两个男人争夺伊南娜，直到恩基姆杜退出。之后，恩基姆杜允许杜姆兹在他的土地上放牧，反过来，杜姆兹也邀请恩基姆杜参加他与伊南娜的婚礼。—— 译注

的大规模赶牛活动也遭到农民的敌视，许多牛仔在把牛赶到市场的途中，遇到了栅栏和上膛的猎枪。

游牧民族的隐退将我带回到奶牛的世界。生态农场的荷尔斯泰因奶牛看起来体形不算大，但它们和猛犸象、森林野牛一样，都是更新世的巨型动物——至少它们的祖先是。奶牛是欧亚大陆野生原牛的后代，大约在公元前8500年左右的某个时期被驯化。不过原牛并没有在新石器革命中幸存下来。虽然不像猛犸象那样广为人知，但原牛的灭绝也不仅仅是可食用物种的灭绝，这是第一次有记录的、可观察到发生过程的灭绝（不像渡渡鸟，我们是在其灭绝后才注意到的）。原牛是我们试图保护的第一批动物之一，但以失败告终。

65

我们与原牛的关系源远流长。拉斯科洞窟（Lascaux caves）是法国西南部多尔多涅（Dordogne）地区一系列隧道和洞穴组成的综合建筑群，其中精美的旧石器时代绘画详细描绘了原牛的身姿和各种动态。它们在“公牛厅”的岩壁上疾驰，我们的祖先为这种动物的速度、体形和优雅的姿态而倾倒。原牛也曾数量众多，可能和野牛一样多。它们出现在白垩纪大灭绝事件后不久。因为草和草本植物取代了恐龙时代的蕨类和针叶植物。

想象原牛的样子，首先需要想象一头最凶恶的公牛，把它的体形扩大一倍，让它长出浓密的棕色皮毛，再把牛角加长一倍，呈反向弯曲，然后还要去掉现代牛的脂肪，代之以波纹状的肌肉。它们就像是吃了类固醇的牛。随着更新世冰川的进退，原牛逐草而居，几乎占领了整个欧洲以及亚洲和北非的大部分地区。埃及人见过它们在尼罗河的沼泽里吃草，而在美索不达米亚，它们被人类驾着马车猎杀。历史文献中有过记载，公元前1170年，法老拉美西斯二世（Pharaoh Ramses II）就曾猎杀过原牛。

以原牛为前身，我们“创造”了奶牛。在此之前，地球上没有奶牛，但关于此次驯化的确证已完全不可考。很可惜，因为驯化原牛的过程一定很有挑战性。驯化完成后，被驯化的牛开始取代它们的野生表亲。人类接管了草原，饲养被驯化的牛群，而野生原牛却难逃和猛犸象一样的厄运。原牛不能再自由进入它们所需的大片土地，无法再自由地吃草，而且它们的繁殖速度缓慢，很容易被过度捕杀。到了罗马时代，南欧的原牛数量已经极为稀少。尤利乌斯·恺撒（Julius Caesar）写到过这种动物，但可能从未见过，依据的只是军团提供的二手资料。他描述的原牛体形与大象相当——这或许有点夸张，但考虑到这种动物的移动速度和坏脾气，它们看起来可能确实非常庞大，尤其是朝着观察者奔跑时。原牛是罗马北部伟大边界的象征，这片难以逾越的旷野占地达6万平方公里。

66

罗马诗人维吉尔（Virgil）在公元前30年描写过意大利北部的一小群原牛，也记录了它们惊人的体形和速度。他可能是最后几位亲眼见到这种动物的罗马作家之一。他记录了这些野生动物离开罗马的过程，描述了帝国边境几个残存的原牛种群。人们很难忽视原牛的存在。雄性原牛的体形是雌性的两倍，在罗马竞技场尤其受欢迎。公元前1300年，原牛在英国消失，公元900年在法国消失，公元1250年左右在匈牙利消失——在匈牙利，只有皇室成员才有资格猎杀它们。

原牛最后的栖息地是波兰雅克托鲁夫（Jaktorów）森林。在这片繁茂的原始林地中，波兰王室试图保护这种被他们视为灵兽的巨兽。特殊的“猎人”负责喂养原牛，清点数量，用狗把它们留在皇家领地。几百头原牛在这里生存了几个世纪，但随着人类的繁衍，原牛生存得越来越艰难，它们被饥饿的当地人偷猎，被伐木工骚扰，还从数量不断增长的近亲家牛那里染上牛瘟。王室通过了几条保护法令，免除猎场看守人的赋税，宣布偷猎幸存的野生动物属于犯罪，可被判处死刑。尽管他们尽了最大努力，但到1620年，这里的原牛只剩下4头，最后一头死在了1627年冬天。此时，因为不断恶化的牛瘟，森林早已不复存在，取而代之的是一块块农田、一座座牧场。

67

原牛在大众文化中或许鲜为人知，但它们在人类历史上留下了巨大的蹄印。在《圣经》中，它们是权力和力量的象征，上帝之力被比作原牛的力量。① 一些早期社会有原牛崇拜，这种习俗也被延续为公牛崇拜，衍生出诸如弥诺陶洛斯 ② 的传说。原牛比牛大得多，脾气也差，伸出的角足有一米多宽。在岩画中，它们被描绘为黑色或红褐色，埃及古墓中也有类似的画像。据说波兰的最后一群原牛长着灰色条纹和极其温暖的双层毛皮。原牛皮斗篷具有极高的价值和地位，是波兰王室赐予亲朋好友的特殊礼品。

驯服这样的野兽想必是一件非常令人生畏的事。一个可能的方法是

---

① 《圣经·民数记》24:8：“神领他出埃及。他似乎有野牛之力。”此处的野牛即原牛。在《约伯记》和《诗篇》中也有提及。—— 译注

② 希腊神话中半人半牛的怪物。—— 译注

用栅栏围住牛群，杀死几代之中最凶猛的领头者。但这似乎是种绝望和愚蠢的行为，在短期内收效甚微。真希望我能见见第一个想要驯化原牛的人 —— 竟然想象自己能驯服这样一头大众面包车大小、愤怒而壮实的野兽。原牛在公元前7000年左右被成功驯化，这或许花了几代人的时间。起初，奶牛与原牛共存，很可能还进行了交配，但奶牛的基因与它们的野生祖先发生了分化，到中世纪，奶牛就不能再和原牛杂交了。

68

原牛灭绝后基本被人类遗忘了。直到上世纪，我们才意识到这种动物是奶牛的唯一祖先。1827年，原牛被证实是一个独立的物种。1927年，研究人员证实所有奶牛都是它们的后代。近期的DNA研究表明，地球上的每头奶牛都至少是30头原牛的后代，表明奶牛可能是单一驯化事件的结果。事实上，世界上可能只有一个人以足够的胆识和智慧制服了这些巨兽。想想都觉得不可思议，哪怕是一次围栏破损，或者暴发一次疾疫，我们最受欢迎的家养可食用动物之一可能就不会存在了。原牛是真正的幽灵，一个隐藏在现代牛DNA迷宫中的虚幻牛头人。它引发了牛的发展史上最奇怪的经典故事之一：关于两兄弟、一个可怕的政权和臭名昭著的纳粹奶牛的故事。

海因茨（Heinz Heck）和卢茨·赫克（Lutz Heck）成长在动物中间。他们的父亲路德维希（Ludwig Heck）是柏林动物园园长，有人说他是19世纪末最优秀的动物学家。他的儿子们在奇特的异国物种陪伴下长大，迷上了远古时代的野兽。他们一遍又一遍阅读史诗《尼伯龙根之歌》（*Nibelungenlied*）的主人公 —— 德国勇士齐格弗里德的冒险故事，梦中满是森林野牛、欧洲原牛、狼和欧洲野马（马的一个亚种）。齐格弗里德的故事强调了德意志战士的优越性，但一开始，赫克兄弟只是为失去这么多神奇动物而痛心。他们尤其为原牛的消失感到痛惜，因为这种动物的灭绝与他们的时代相去未远。两兄弟以不同的方式哀悼原牛：海因茨认为原牛的灭绝是游牧部落扩张的必然结果。但卢茨则把这个物种的消亡视为原始德国的一个典例，一段神秘消失的过去，不掺杂任何软弱和杂质。

两兄弟都痴迷于一个古怪的想法：能否通过奶牛复育出原牛？育种可以是双向的吗？其他动物学家曾试图通过将奶牛放归野外来复育原牛。这种尝试会造就更任性的奶牛，但它们并没有神奇地变大一倍，也没有长出红棕色的皮毛，而且——它们总会在严寒中死去。让原牛重回世间恐怕还需要一些技巧。 69

兄弟俩都继承了父亲的职业。卢茨是柏林动物园园长，海因茨成为慕尼黑海拉布伦动物园园长。他们现在可以将理论设想付诸实践了。两兄弟认为，凭借“反向繁育”或培育更古老的性状，奶牛可以通过逆向工程变成原牛。他们决定分头工作，以增加成功的概率。两人在欧洲寻找所能找到的最大、最凶猛的奶牛。每次杂交后，他们都会把选中的奶牛与从绘画、文学作品和岩画中所做的笔记进行比较。他们冷酷地挑选种群——海因茨偏爱西班牙斗牛，卢茨更中意苏格兰高原牛可怖的皮毛和犄角，偶尔也会交换牛种，仿佛在完善一支由牛组成的运动队。12年过去了，他们几乎已经接近他们认为正确的结果。

随着德国的政治环境变得复杂，两兄弟的命运出现了分野。海因茨曾与一名犹太女性结婚，并被怀疑有共产主义倾向。希特勒掌权后，他被送往达豪（Dachau）集中营①。卢茨却认为纳粹主义很有吸引力。他从未忘记齐格弗里德，也从未放弃对这位伟大的金发猎人在森林中追逐巨兽的幻想。他加入了纳粹党卫军。随着卢茨的升迁，海因茨被释放，并被允许恢复研究，但他从未得到过纳粹的青睐。而卢茨却结交到一位强大的朋友——赫尔曼·戈林（Hermann Göring）②，他也是齐格弗里德的忠实粉丝。这位空军总司令也是帝国的“狩猎大师”。卢茨会和他一道骑马消遣，甚至送出动物园里的小狮子，供他在树林里追逐狩猎。投桃报李，卢茨·赫克被戈林任命为德国自然保护局局长。戈林欣赏狩猎原牛的想法，很快，卢茨就把他最好的动物转移到这位帝国元帅的私人狩猎保护区。

70

戈林和卢茨·赫克一起制订了更宏大也更危险的计划。1930年，戈林曾访问波兰，在波兰东部边境的比亚沃维耶扎（Białowieża）原始森林中打猎，这片1500平方公里的土地是狼、驼鹿和最后的欧洲野牛的家园。戈林把这片森林视为他所渴望的英雄主义原始景观的残片，计划将之据为己有。但《苏德互不侵犯条约》阻止了他的计划，把这片森林划分给了苏联。随着纳粹对苏宣战，比亚沃维耶扎落入了戈林之手。戈林和赫克开始按照自己扭曲的价值观和对纯粹旷野的极致追求，随心所欲地改造这片沃土。34座村庄被烧毁，数千人流离失所或被杀害，因为

① 纳粹德国建立的第一座集中营，位于德国南部巴伐利亚州达豪镇附近的一座废弃兵工厂。——译注

② 赫尔曼·戈林（1893—1946），纳粹德国党政军领袖，与“元首”阿道夫·希特勒关系极为亲密，在纳粹党内影响巨大。他担任过德国空军总司令、盖世太保首领等诸多要职，并曾被希特勒指定为接班人。——译注

卢茨·赫克要在这里养殖大量“德国”血统的动植物，包括他的“原牛”。醉醺醺的纳粹最高统帅部手持长矛，骑马进入森林狩猎，他们都嗑了药，朗诵着古代英雄的诗篇。

战局扭转。纳粹撤退时，苏联重新占领了这片森林，卢茨复育原牛的工程消失在苏军的粮食帐篷里。柏林沦陷后，饥饿的市民夺走了卢茨的其他动物，他被指控犯有战争罪，包括掠夺华沙动物园。不过，没有直接证据表明卢茨·赫克犯有与纳粹政权相关的更大罪行，他洗脱了自己的罪名。与此同时，海因茨的牛群幸存下来，如今有几千头“赫克牛”分布在世界各地。它们并不是原牛。而今，通过比较原牛和赫克牛的基因，我们发现二者之间的相似之处不过是表面现象。①

71

*

我徘徊在亨利八世宏伟的汉普顿宫大厅里，思考着原牛的命运。我来研究这里的新菜园，参观大厨房，希望能更好地了解现代奶牛的起源。我沉浸在自己的思绪中，突然被一名工作人员吓了一跳。这名男子的打扮年代感十足，笑容粗鲁。

“这个，”这位厨师长用一种奇怪的威胁口吻说，“是最好的炉子。”

我被一位相当于中世纪厨房推销员的人逼到了墙角。他的笑容真诚但有些狂热。我做了任何训练有素的研究者都会做的事情——微笑着点点头，慢慢后退。我轻轻捏了捏陈列的野甘蓝，还一直往后

① 随着基因工程的进步，反向繁育出原牛的可能性越来越大。目前有三个此类项目正在进行中。

退。即使在最好的情况下，我也会对历史再现主义者感到惶恐，况且他还穿着一件特别烦人的护裆。我向巨大的火炉投去渴望的一瞥，在那里，一排排的鸡在烤架上转动。这位历史再现主义者显然没有理解我的用意。

“罗马人发明了这些炉子。热度是均匀的。当年这在英国可是一场革命。我想在后院造一个。转炉烤肉被严重高估了，还不如简简单单炖好肉，放上面皮烘烤，再加上点肉汁。我不明白为什么每个人都对这些旋转的烤鸡着迷。”

72 罗马烤炉炉底的火散发着橙色的火光。他正在用三脚煎锅做肉汁——美国殖民地时期人们把这种煎锅叫作“蜘蛛”。肉汁正欢快地冒泡。我退得更远了一些，仍然微笑着。这位厨师充满爱意地拨弄着小火。我承认，这是一种相当高效的烹饪方式。角落里制作派的厨师摇了摇头，翻了个白眼。显然，我闯入了一场旷日持久的论争。

“别听他的。烤肉是最好的肉。”这位厨师也加入了争论。

撤退的时机已到，我走向旋转的烤鸡。我同意制作派的厨师的看法，烤鸡看起来太诱人了。人们曾经用这种旋转式火炉来烤全牛。几个世纪以来，真正的战利品、真正的盛宴是整只烤原牛。原牛灭绝后，烤全牛就成了最好的选择。我凑过去闻了闻肉香。罗马式烤炉确实很有效率，但烤全牛？这对国王来说都够隆重了。

在奶牛的历史中，英国占据了重要地位。直到最近，杀死并吃掉一头奶牛才不算是罕见的事情。它们还有其他更为宝贵的用途：黄油、牛奶、奶酪或其肌力。罗马人称牛肉为“bubula”，将之视为罕见的奢侈品。

罗马帝国依赖于动物的力量，他们没有多余的牛用来烧烤。宰杀奶牛是种仪式，很多人聚在一起，部分原因是没有什么好的方法来保存这些肉。关于罗马人吃牛肉的记录很少。不过，幸存下来的罗马重要饮食著作《论烹饪》（*Apicius*）① 中描述了一道菜：牛排配炸韭菜。如今，现代餐厅可能也有同样的菜式。吃牛肉由德国人和维京人推广，经由英国人加以完善。尤其是维京人，他们放弃储量丰富的鱼类，却选择了油腻的炖牛肉。在恶劣的气候条件下，维京人会和他们的奶牛生活在同一幢建筑里。他们会带着这些奶牛漂洋过海，在冬季努力提供饲料。维京人的财富取决于奶牛数量，因此他们尽己所能增加这个数量。正如传说中所描述的那样，奶牛甚至随维京人来到了北美洲。

73

我休息了一会儿，准备吃午饭，在店里提供的众多派中挑选了一个，还点了豌豆糊和硬皮面包。宽敞的宫廷厨房在当时是很先进的。在亨利国王统治时期，大多数英国人仍然在地板中间生明火做饭。皇宫的厨房提供冷食和热食，奶牛是供应的核心。这里有奶酪室、食品室、屠宰场和大火炉。当然，还有派，内馅是大锅煮的炖菜。当亨利建造他的宫殿时，英国人正在用灌木树篱和三叶草地重塑这个国度的地貌，所有这些都是为了完善养牛业。在宫殿附近，农民们养育奶牛、种植饲料。英国也是第一个将奶牛和肉牛分开饲养的国家。养牛成了绅士们的消遣，伦敦塔御用侍卫曾以每天得到一些牛肉作为报酬的一部分，也因此被称为“牛

---

① 目前普遍认为《论烹饪》的作者是马库斯·加维乌斯·阿皮基乌斯（Marcus Gavius Apicius），他是耶稣时代的罗马美食家。对此，我们并不能确定，甚至不能确定这个人是否真的存在。在本书中我假设作者身份是正确的。

肉食客”（Beefeaters）。英国人的转式烤炉和烤箱也为我们带来了周日烤肉。①

*

74 牛肉是全球第三受欢迎的肉类，约占全球肉类产量的25%。自从奶牛被驯化以来，它们就在我们的心目中和饮食中占据着特殊地位。人类早期的许多神明都是牛。在挪威的创世神话中，伊米尔（Ymir）②是由一头名为欧德姆布拉的母牛的奶喂养的。在埃及，哈索尔（Hathor）③是伟大的母牛神，她孕育了太阳。在克里特岛，年轻人跳过公牛来证明自己的勇敢，这也反映了牛头人弥诺陶洛斯的传说——他住在克诺索斯的宫殿下面，吞噬献祭的人类。在《圣经·民数记》中，将犹太人从埃及解救出来的埃尔神（God El）被描述为长着一只牛角。④

人类喜爱并崇拜奶牛。我们用斧头开垦土地、种植牧草，也收割干草，养活更多的奶牛越冬。旧石器时代很少有人能消化乳糖——这是一种天然糖，占牛奶固体物质的2%到8%。随着时间的推移，越来越多的人进化出了消化乳糖的能力，这些人留下的后代人数是他们那一代

① 现在，烤肉几乎都是用烤箱烘烤，但我们还是称之为“周日烤肉”。（编按：周日烤肉是英国传统美食，源自周日去教堂做礼拜后享用的大餐，包括烤肉、烤土豆和约克郡布丁，也加入其他蔬菜、填料和肉汁。）

② 北欧神话中所有巨人的始祖。——译注

③ 形象是奶牛、牛头人身的女子或长有牛耳的女人。——译注

④ 在几个相互矛盾的故事中，基督教的神都与牛羊相联系。《出埃及记》中关于金牛犊的寓言表明，人们从对牛的崇拜转向对更拟人化的神的崇拜。

人的10倍，将这种能力传布到全世界。奶牛的用途多种多样，既可以增强人类的肌肉力量，又能提供皮革、肉类和牛奶。启蒙时代，人们开始饲养特定用途的奶牛。到维多利亚时代，奶牛和肉牛的品种已经被严格固定下来。

哥伦布在他第二次血腥航行中把奶牛带到了海地岛（Hispaniola）①，胡安·庞塞·德莱昂（Ponce de León）把它们带到了佛罗里达。也正是在美国西部，奶牛才开始主宰曾经被野牛统治的土地。这一时期，标志性的牛仔开始出现，带刺铁丝网也被发明出来，这将养牛业从牧业世界带入了农业世界。铁路、冷藏技术和芝加哥各种包装公司的兴起，把奶牛变成了工业机器上的齿轮，让牛肉成为每个美国人的盘中餐。到1900年，芝加哥错综复杂的铁路和工厂经手了80%的美国牛肉。曾经盛宴上才有的食物变成日常奢侈品，以玉米为饲料、以工业化规模饲养的奶牛主宰了美国烹饪市场。人们对奶牛的狂热确实是美国发展起来的。虽然红肉消费停滞不前，但美国人每年的红肉平均食用量仍维持在60公斤左右的水平，其中60%是牛肉，39%是猪肉。奶牛统治着美国。

75

原因何在？起初，猪肉是最受美国人欢迎的肉类，因为猪以坚果、橡子和块茎为食，在新殖民地的森林中很容易饲养。后来，它们以北美洲的新谷物——玉米为食，在冬季被圈养起来。像以往一样，人们用奶牛犁地、挤奶。绵羊可能已经流行起来，但在奴隶劳动的推动下，南

① 海地岛又名伊斯帕尼奥拉岛，加勒比海地区第二大岛。——译注

方的棉花产业几乎没有给羊毛纺织品留下竞争空间。不过，随着定居者迁入大平原，他们发现了适合繁育奶牛的完美地形。森林的消失使养猪变得越发困难，于是，牧牛人与政府和铁路公司合作，以产业化规模完善养牛业。芝加哥发展为世界上最大的屠牛场，火车将牛运到养殖场饲养、宰杀，成品肉被送到新的冷藏车上运走。到了19世纪80年代，牛肉成为一种廉价的蛋白质来源。平原曾经遍布水牛和捕猎水牛的人，现在却成为吃着廉价玉米的奶牛养殖场。全美国的餐桌上都有牛排和烤牛肉。

76 战后，牛肉在美国人饮食中的地位又上升了一步。战时配给结束后，在这个日益繁荣、郊区化不断发展的国度，一种简单的牛肉料理——汉堡的地位得到了显著提升。汉堡是一种有趣的食物。将碎牛肉做成肉饼的想法或许可以追溯到德国汉堡市。或许早在19世纪中期，这种食物就已成为一种受欢迎的菜式，只不过它当时的售价比较昂贵。但把肉饼夹在两片面包之间的创意一定是美国人发明的。很多不同的说法却都表明，我们现今所熟知的汉堡是20世纪早期在康涅狄格州的纽黑文镇诞生的。虽然汉堡的真正起源已不可考，但它在20世纪50年代开始大受欢迎。牛肉脂肪在碎肉中起到胶水的作用，使肉饼在烤架上得以保持形状，烤架则是在战后新式郊区后院流行起来的新工具。汉堡做起来很快，人们能在庭院的朋友聚会上食用，也能在车上食用。牛的成熟速度更快，牛肉越来越便宜。与此同时，人们的收入也在上涨。许多关于汉堡的研究著作开始涌现，它仍然是风靡美国全境的标志性食品①。美国

① 苹果派可能是标准美式美食，但美国南部地区的餐桌上并没有它，那里是山核桃和酸橙派的天下。

人平均每周吃三个汉堡。

大量巨型动物群的灭绝表明，奶牛在资源强度和环境影响方面特别突出。它们太大了。奶牛需要大量土地用来放牧，如果它们想要活下来，长成膘肥体壮、适应消费者口味的模样，还需要消耗大量粮食。地球上14％的地表被用于种植农作物，约有一半农作物的热量被人类消耗，有36％的热量被动物消耗，其余被用来制造乙醇。在爱吃肉的美国，只有27％的农作物被人们直接食用。当然，我们也会食用农作物产出的肉、奶和蛋。100卡路里的谷物可以生产12卡路里的鸡肉，却只能生产3卡路里的牛肉。奶牛也吃草，但它们如今的饮食主要以玉米和谷物为主。工业化奶牛消耗了美国30％的玉米作物，而玉米仍然是享受补贴最多的作物之一，这确保了牛肉和乳制品的价格仍可维持在较低水平。奶牛与绵羊、山羊共同占据了地球四分之一的土地面积。我将在下一章中讨论，这些土地中的一部分，比如冰岛的灌木丛生产供应全世界的冰岛优格，并不能被用于他途。但在世界其他地方，雨林仍在被砍伐，以确保全球汉堡供应可以维持在足量、低价的水平。亚马孙雨林中三分之二的土地已被砍伐，用来放牧牛群。

77

奶牛——尤其是那些在集约型农业环境中饲养、以谷物为食的奶牛，其温室气体排放量极高。确切数字尚有争议，据“粮农组织”（Food and Agriculture Organization）估计，包括禽类在内的所有家畜的温室气体排放量约占全球总排放量的14％。在牛肉和乳业中，甲烷的排放尤其令人担忧。奶牛闻起来很“奶牛”是有原因的，它们的四个胃以厌氧的方式发酵绿色植物，释放能量，温室气体是这一过程中自然产生的废物，从奶牛的两端排放出来，其排放量占人类甲烷总排量的四分之一。这一数字是十分惊人的。作为温室气体，甲烷的威力是二氧化碳的35倍，所以奶牛对环境造成了很大影响。而且，不同品种的奶牛、不同饲料喂养出的奶牛所产生的甲烷量差别也很大。我们可以通过减少奶牛的数量、改变饲养方式来降低这个危险的数字。少吃牛肉和奶制品——至少少吃工业化生产的牛肉和奶制品，是我们降低环境占用空间的有效方式。

78

牛肉也常受到消耗水资源的诟病。事实或许如此，这取决于牛饲料。但媒体援引的数据称，生产几块牛排需要1000升水，这绝对是误导性的。这些数字指的是生产牛饲料所需的水。事实上，牛可能是草饲，也可能吃不用灌溉的谷物。

牛群还有可能阻碍不相容草原物种的重新引入，比如羚羊和野牛。我们想象中一望无际的美国大草原，长满了近两米高的青草和盛开的鲜花，但这就和猛犸象一样，都只不过是想象中的幽灵。因为频繁的过度放牧，草原生物多样性在急剧下降。

现代奶牛是机械化的奇迹。现在的奶牛看起来完全不像亨利王时代的奶牛，甚至也不像我们曾祖时代的奶牛。如今的奶牛体形更大、寿命更短，肉和奶的产量远高于从前的牛，但这种增产往往以牺牲口味为代价。而在世界上一些偏僻角落则有例外。在那里，饲养奶牛会考虑风土条件，让牛群在适宜的环境中生长。娇养的日本和牛，每公斤牛肉价值几千美元，具体取决于切割的部位。冰岛奶牛能被用来制作我在火山泳池边享用的美味黄油。还有耐寒的苏格兰高地奶牛、切林厄姆庄园里的诺森伯兰郡牛——它们数百年来与世隔绝、野性十足。但这些牛群不过是例外。在大多数情况下，现代牛的生活——尤其是奶牛的生活，是肮脏、短暂的资源密集型产业。

工业化畜牧业对空间和饲料的需求，是第六次大灭绝不容忽视的因素之一。2017年，超过15000名科学家呼吁人类应大幅减少肉类消费。我们能做什么？显而易见的解决方案是尽可能少养牛，而且尽量在天然牧场上饲养。然而，这需要我们对北美洲的饮食习惯进行彻底的反思，但很多人根本不愿放弃他们的牛排。更糟的是，他们也不想为牛排付更多的钱。尽管如此，我们仍然可以利用一些有趣的技术来大幅降低人类对牛肉的需求。至少在北美洲，普通食客很少会点T骨牛排或优质烤肋排。在北美洲餐厅所有的消费类牛肉食品中，汉堡占了71%。未来可能很快会出现一场彻底的“汉堡革命”，就像我们的祖先第一次用栅栏圈养原牛那样的重大变革。

79

第五章

汉堡2.0

“让我烤一块完整的牛肩肉吧。”丹探过身来，眼泪都快流出来了。

“不行。我们要按我的菜单来。”

“拜托！烤牛腰怎么样？我有转式烤炉。你有多少朋友有转式烤炉？只有我！”

我叹了口气。丹是顽固的肉食动物。我有点内疚。“绝世美味”的主意是他想出来的，可这第一顿晚餐，我想让他吃汉堡——不含任何牛肉的汉堡。

“牛肉干？干肉饼[①]？牛舌？你写过一本关于舌头的书——拜托，给我根骨头也行啊。等等！骨头行吗？”

“不行。我已经计划好了。”

---

① 原文为pemmican，牛脂、干肉，有时还有干浆果的混合物，这种食物在历史上曾是北美洲某些地区土著美食的重要组成部分，如今依然存在。——译注

81

我要想象一下在奶牛数量锐减的世界里生活会是什么样子。鉴于汉堡无处不在，这似乎是一个合理的起点。随着一些“突破性食品”的出现，不含牛肉的汉堡正迅速从想象变成现实。我意识到自己在研究汉堡的过程中需要一些额外的帮助，因为丹是个狂热的牛肉支持者，而我却不爱吃汉堡。我并不是坚决不吃，只是倾向于选择其他东西。在我看来，汉堡乏善可陈，无非是所有菜单上的备胎。由于加拿大法律中有一条奇怪的规定，加拿大汉堡尤其不受欢迎。在加拿大，汉堡肉饼必须煎到71摄氏度，保证全熟。卡莫森学院（Camosun College）烹饪艺术系主任吉尔伯特·努西图（Gilbert Noussitou）曾哀叹，这基本上是把汉堡肉饼变成了鞋底。在我看来，我们是把汉堡变成了冰球，这完全是对食品安全的矫枉过正。我为什么要点那些在法律规定下被毁掉才能上桌的食物？

所以丹是这次牛肉晚餐的完美人选。他会自己绞肉做汉堡肉饼，也知道餐厅里有后堂“密室”，可以通过隐藏的墙板供应三分熟的汉堡。他能评判这种“后牛肉汉堡”的口感究竟如何。但我需要尽量平衡他的口味和与之相反的口味。我还要找一位素食主义者。卡蒂亚是我学术俱乐部中的老友，一个理想人选。她博览群书、有冒险精神，对政治很有研究，坚决不吃动物。一个肉食者、一个不可知论的“杂食动物”和一个素食主义者，将一起策划几次“汉堡冒险”，看看目前有没有可以替代汉堡、可能取代奶牛在食物体系中地位的东西。

首先是素食汉堡。我承认自己对素食汉堡有偏见。作为20世纪90年代的环境研究专业研究生，我吃过很多干硬无味、咬都咬不动却号称

“汉堡近亲”的肉饼。这些肉饼通常被放在由替代谷物制成的圆面包上，比如斯佩尔特小麦或火麻，这些面包和它夹着的肉饼一样干硬。现在已经是21世纪了。科学已经成功地把世界上所有的知识装进了我的手机，也许我们能从中找到一种方法，给素食汉堡增加口感。我和卡蒂亚准备去买点东西，我告诉丹开始准备沙拉。

82

如今，素食汉堡随处可见，原料从豆腐、面筋到坚果和燕麦，你能想到的任何东西都可以做成素食汉堡。素食汉堡是近年来的发明，它的存在要归功于一个名叫格雷戈里·萨姆斯（Gregory Sams）的人，他于1982年在伦敦发明了素食汉堡。萨姆斯很小就成为素食主义者。他开的“种子餐厅”（SEED）是英国最早的素食餐厅之一，供应米饭和面饼配海藻，常客中不乏名流，比如约翰·列侬。萨姆斯经常为客人开发一些新奇有趣的菜式。他用面筋、日本酱油混合燕麦和豌豆，第一次试制出无肉肉饼。我猜这种肉饼的口感有点像橡胶。但他一直在改进，终于做出了能在零售店里销售的汉堡。如果说什么是他最大的阻碍，那就是他从未吃过真正的牛肉汉堡，所以他创造出的素食汉堡是在模拟一种自己从未品尝过的食物。尽管如此，他的想法还是流行起来，全世界的模仿者如雨后春笋般涌现，并把自己的版本带到了餐桌上。

如今有琳琅满目的素食和纯素汉堡肉饼可供选择。我想它们不可能都很糟糕。卡蒂亚和我去了全食超市（Whole Foods），她推荐了她的最爱——山药汉堡。

“这个很不错。味道很好，口感也不差，而且不完全是大豆制成的。

我认为这是市面上最好的标准素食汉堡之一。”

我们采购时，丹正在尽力而为。他煎了洋葱，加热了美味的面包，切了本地制作的泡菜。冰箱里冰镇了几罐名字古怪的精酿啤酒。他烧热油，炸了一些他擅长的粗切薯条。我们回来时，他正在整理调料。我们拆开包装，把山药汉堡交给厨师。他小心翼翼地把它们放进预热好的锅里，等待。作为一名曾经的科学家，当汉堡肉饼开始冒热气时，他在线圈本上记下一些笔记。

83

“这些肉饼煎起来和普通肉饼不一样。里面没有脂肪。没有油煎的嗞嗞声。而且闻起来就像山药。”丹指出。

他抓住了重点。肉饼在锅里发出嗞嗞声，但看起来像是素食，闻着也是蔬菜味。我们把肉饼放进盘子里，把所有食物都拿到丹的露台上，开始大快朵颐。

“看吧，”卡蒂亚说，她大口大口地吃着汉堡，“味道很不错。”

需要说明的是，卡蒂亚已经很多年没吃过牛肉汉堡了。

丹却不以为然。他慢慢咀嚼着，好像在经历着什么不愉快的事情。

“不行。味道还可以，但完全不像是汉堡肉饼。形状是对的，但质地和味道都是蔬菜的感觉。还不错。但绝对是素食。”

我同意他的看法，至少山药汉堡在模仿牛肉方面还有差距。虽然这顿饭很好吃，但我无法想象山药汉堡能取代烤牛肉①。清理餐具时，丹仍在抱怨。这让我意识到，我们必须再努力一点。我们同意在这周晚些

---

① 事实上，如果把山药汉堡饼放在烤架上，它会着火，这绝对是个缺点。

时候再试一次。

*

"真不敢相信，我们竟然在肉类区！"

卡蒂亚和我在温哥华一家杂货店的冷冻区里转了一圈，这里有高

84

级素食汉堡可供选择——高级到直接放在肉类区出售，紧挨着牛肉汉堡饼。是时候尝试"别样汉堡"（Beyond Burger）了，这是人造肉公司"别样肉客"（Beyond Meat）的下一代代肉食品。该公司由伊桑·布朗（Ethan Brown）于2009年创立，由泰森食品（Tyson Foods，全世界最大的鸡肉生产商之一）、比尔·盖茨和美国人道主义协会（Humane Society）等意想不到的合作伙伴出资。伊桑·布朗创立别样肉客，是为了生产可能满足肉食者需要的替代品，并减少肉类工业对环境的影响。伊桑在农村长大，深谙畜牧业的种种门道，对全世界日益增长的肉类需求感到担忧。2012年，他推出了第一代产品，包括在盲品测试中骗过了食品评论家的人造鸡肉条。如今，这些产品已经在美国广泛销售①。

2016年，别样汉堡一经推出便取得了成功。代肉食品市场正以每年7%的速度增长，而在很多地方，这种增长速度还在进一步加快。开发别样汉堡花费了整整十年，精心平衡了豌豆蛋白和一长串植物基成分之间的比例，这些成分赋予了代肉食品味道和色泽，其中就包括鲜味浓郁的非活性酵母。其他亮点还包括甜菜提取物和椰子油，前者使肉饼呈

① 加拿大人在商店里的选择远比美国人少。卡蒂亚和我花了半个上午的时间，追着小道消息寻找别样汉堡，才终于找到了一些。

现出“肉感”十足的红色，后者则能提供脂肪。真正的牛肉汉堡肉饼有20%的脂肪，其中绝大部分是饱和脂肪。这既是汉堡能如此美味的关键原因之一，也是它们如此不健康的核心之所在。别样汉堡也有类似的脂肪比例，只不过用的是植物脂肪。甜菜和酵母给汉堡带来了肉的味道，而且没有被豌豆蛋白的味道掩盖。至少，我们所知的信息是这样说的。

拿着冷冻的肉饼，我们去了丹家。按照我的指示，他在做和上一次一模一样的配菜。 85

“嗯，这些肉饼至少看起来不一样，”我们把解冻的汉堡肉饼扔进油锅时，他嘟囔道，“而且闻起来不像蔬菜。”

这是真的。我们把别样汉堡肉饼放进锅里时，它们看起来很像真的牛肉汉堡肉饼。椰子油的油脂开始液化，形成一条条小小的溪流。

丹在锅边闻了闻。

“好吧，只要想象一下这些肉饼是来自在农场吃椰子的奶牛，我就暂且不再怀疑。也许是热带的奶牛？”丹说。

空气中弥漫着淡淡的椰子味，但也有更多的味道，嗯……肉的味道。肉饼的边缘开始焦化，就像牛肉一样。根据博客“博友”们的建议，我忽略了加拿大官方的强制要求，打算只把肉饼煎到三分熟。当我们把这些肉饼夹进面包里时，连丹都显得很兴奋。我试探性地咬了一口。它尝起来和闻起来一样，都像牛肉。有点令人难以置信。我很高兴，又咬了一口。

“好吧，我喜欢这个。更像吃真的汉堡，而不是山药饼。里面确实有肉的感觉。”我说。

“看起来不太像牛肉，”丹说，“而且味道也不像，但这是朝着正确方向迈出的一步。脂肪不太像牛肉脂肪，但我肯定愿意吃这东西。不过，如果旁边放着一个又大又多汁的西冷牛肉汉堡，那可就不一定了。不管怎么说，我愿意吃这玩意儿。”

肉食者对此几乎满意，我转向了素食者。卡蒂亚看起来有点不安。

“好吧，第一口吃起来还不错，”卡蒂亚狐疑地看着汉堡说，“但多嚼几口，肉的味道就变得越来越重。这太像肉了，太……我知道这不是坏事，但我有点接受不了。我觉得我还是更喜欢山药汉堡。”

我们吃完了汉堡，在露台上放松了一会儿。别样牛肉汉堡提高了我们寻找最佳代牛肉食品的门槛。如果丹可以享受素食汉堡，那么也许真的有一种方法，可以减少牛肉的实际消费量，也能减少牛肉在加工过程中对环境造成的影响。

*

汉堡的演化还有另外一个步骤，它始于最早的食物创新之一：发酵。从技术上讲，发酵是细菌或酵母对物质的厌氧分解，从而产生气泡和酵素。酵母就像一座工厂，将糖转化为酒精和淀粉。几千年前，在我们第一次注意到吃剩的水果和谷物可以神奇地变为不同凡响的东西之后，酵母仍然是食物体系中最重要的元素之一。简单的发酵创造了酒精和面包，为野餐奠定了坚实的基础。在乳酸发酵过程中，葡萄糖被转化为乳酸，可以以此制作一系列完全不同的奇妙物质：泡菜、奶酪、酸奶和冰岛优格。酵母可能只是真菌家族的一种单细胞生物，但它几乎是自火出现以来厨房里最好的工具。

目前，汉堡技术的突破性进展包括利用酵母这个单细胞工厂以及重新编码的酵母 DNA，来生产除了酒精和乳酸以外的其他东西。这听起来像科学幻想，但实际上已经实现了。这项技术创生了一种新的农业分支：细胞农业。

几年前，为了更好地了解未来的食品生产技术怎样才能占用更少的土地、更多地利用实验室，我去旧金山参加了第一届细胞农业大会。坦白讲，当时媒体都在热议马斯特里赫特大学（Maastricht University）科学家马克·波斯特（Mark Post）在2013年公开展示的第一个"人造肉"汉堡，我也主要想了解在大桶里培养肉的故事。波斯特的研究小组收集快速生长的牛细胞，把它们浸泡在营养培养基中，再将其附着在某种细胞支架上，这种支架最好是可食用的，从而制造出无动物肉制品。实验室制作出的第一个人造肉汉堡的生产成本超过33万美元，但现在每个汉堡肉饼的成本已经下降到15美元左右。记者马特·西蒙（Matt Simon）在同名文章中指出，无论我们喜欢与否，实验室人造肉的时代正在到来。

87

关于实验室人造肉汉堡的讨论主导了媒体对细胞农业的报道。肉类和乳制品行业中没有为这项新技术投资的人正在游说政府，要求政府对"肉""牛奶"和"奶酪"的准入标准进行控制。我同意西蒙先生的观点，人造肉的时代即将到来。同时我也看到，传统养殖业从业者正在采取诸如卢德主义者①那样的防守行动，抵制此类产品。但我认为，在对实

① 卢德主义者（Luddite）是19世纪英国民间对抗工业革命、反对纺织工业化的社会运动者。在该运动中，常常发生毁坏纺织机的事件。这是因为工业革命运用机器大量取代人力劳作，使许多手工业者失业。后世也将反对任何新科技的人称作卢德主义者。——译注

验室人造肉的关注中，人们忽略了细胞农业出现后一个更具颠覆性的创新：酵母。

第一届细胞农业大会“新收获2016”（New Harvest 2016）是一场破坏食物体系的名流聚会。要塞公园之下，是波光粼粼的旧金山湾，空气中弥漫着浓浓的桉树味道。会场座无虚席，这里是实验室魔法的仙境。“吉利琴”（Gelzen）是一家用乳齿象DNA制作素食明胶的公司（他们展示了一碗乳齿象小熊软糖，可惜没有提供试吃）。“蜘蛛纤维”（Spiber）正在展示他们与服装公司“北面”（North Face）合作生产的蜘蛛丝外套。这种外套既有丝质感又有韧性，以一种恰如其分的未来主义风格闪亮登场。还有“现代牧场”（Modern Meadow）公司在体外①制造的皮革，以及“完美的一天”（Perfect Day）公司的无牛牛奶技术。②本届大会还有关于细胞农业肉制品论坛，会上会发布马克·波斯特的最新进展。

88

大会组织者是研究和游说社团“新收获”（New Harvest），该组织的目标是“创建细胞农业领域”，愿景是为“开放性、公共性、基础性细胞农业研究构建强大基础，建立‘后动物’生物经济，从人造细胞而非动物中获得畜肉制品，以可持续、可承受的方式养活不断增长的全球人口”。该组织资助科学研究、开展公共宣传、支持该领域的初创公司。

---

① 原文为in vitro，指发生于试管内的实验与实验技术。更广义的概念指在活生物体之外的环境中进行的操作，即体外实验/操作。——译注

② 我对自己什么时候能吃到人造肉持怀疑态度，但无牛牛奶可能会比本书问世的时间更早。

然而，少数几家科技公司真的能挑战以驯化和养殖业为基础的食物体系吗？也许它们并不能完全做到，但以北美洲民众的消费水平来看，奶牛和其他家畜对环境的负面影响，使得肉制品的生产速度不可能满足全世界的需求。有些事情需要改变，而以动物为基础的食物体系中最低效的部分往往是动物本身。

什么是细胞农业？该领域的应用大致可分为两类。一类是通过细胞培养物生产农产品，包括构建蛋白质和脂肪等有机分子，比如马克·波斯特实验室制作的汉堡肉饼。另一类是改变酵母和细菌的基因，相当于生物黑科技和发酵的奇妙组合。用大桶中的人造肉做成的汉堡饼引起了媒体的极大关注，但实际上，基于更简单化合物的初级应用已经存在很长一段时间了。

例如，1922年弗雷德里克·班廷（Frederick Banting）、查尔斯·贝斯特（Charles Best）和詹姆斯·科利普（James Collip）首次将胰岛素用于治疗糖尿病，他们从猪的胰腺中收集胰岛素。这种方法的缺点是价格昂贵、难以标准化，从长远来看还可能导致猪肉过敏。1978年，一个研究小组将产生胰岛素的基因片段导入细菌中，利用酵母作为微小的活体化学工厂。这很有效，现在几乎所有的胰岛素都是以这种方式制作的。这项工作的先驱赫伯特·博耶（Herbert Boyer）和斯坦利·科恩（Stanley Cohen）被认为是基因工程的奠基人，他们的研究拯救了无数人的生命。

在食物链中，另一种鲜为人知的细胞农业产品出现在奶酪制造领域：凝乳酶（rennet）。这种奇怪的酶存在于反刍动物的胃黏膜中，当它们与牛奶混合时，会催化其中的酪蛋白凝结，产生凝乳，成为奶酪①。提取凝乳酶、制作奶酪是一个缓慢而艰难的过程，到20世纪70年代，世界对奶酪的需求日益增长，已超过凝乳酶的产量。但在20世纪80年代，科学家们想出了从基因上改变细菌和酵母的办法，通过发酵产生凝乳酶。这种生产凝乳酶的技术不属于转基因范畴，因为它是发酵过程的副产品。人造凝乳酶是以这种方式生产的第一种酶，随后被美国食品药品监督管理局许可准入食品生产链。现如今，在美国和英国制造的所有奶酪中，大约90%使用的都是人造凝乳酶。这些奶酪被犹太洁食、清真食品和素食所接纳，因为其生产过程中没有使用动物酶。

90

让我们回到牛奶问题上。牛奶由脂肪、矿物质和酪蛋白、乳清两种蛋白质组成。通过基因改造酵母的技术来生产这些蛋白质是有可能实现的，脂肪也可以从其他地方获取，比如我们吃的“别样汉堡”用的是椰子油。“完美的一天”食品公司正在实验室里快速批量生产这种牛奶，最初的重点是希望用它来取代加工食品中的牛奶和奶粉末。实验室生产的牛奶也可以制成黄油和奶酪。这种影响可能是巨大的。全球乳制品需求每年以近5％的速度增长，总产量达2400亿升。然而，乳业是个艰难的行业，因为奶牛的饲料和护理费用往往会超过从牛奶中赚取的利润。而且，小牛肉的需求正在下降，在牛奶生产过程中出生的小牛犊也逐渐没有了市场。全世界的小型乳制品生产商都在苦苦挣扎。工业化规模

---

① 奶酪是如何被发现的？一种说法是一位早期人类将鲜奶储存在牛胃制成的袋子里，然后我们的主人公去骑马，晃动了袋子。停下来休息时，他发现牛奶已经凝固成一种美味的食物。我们永远无法确定这种说法的真实性，但它是个有趣的故事。

化农场采用了一种成本更低但破坏性更大的模式——在环境标准宽松、劳动力廉价的地区饲养更多奶牛。颠覆乳业的时机已经成熟，这个行业的未来更可能在实验室，而不是谷仓。

“新收获2016”大会上展示的技术令我着迷。例如，牛奶的替代技术可以帮助远在北方的加拿大人改善营养状况，因为在那里很难饲养奶牛。但我也产生了隐隐的危机感。这是一种全新的食物思维方式，对生产链和乡村景观都会产生深远的影响。农田保护也是我的主要研究领域之一。将来我们还需要这么多农田吗？还需要这么多农民吗？

91

丹和卡蒂亚对“别样汉堡”的反应说明了什么？汉堡肉饼的口感源自牛肉中的肌红蛋白，肌红蛋白中含有血红素，血红素是血液中的一种物质，能让肉有强烈的鲜味。别样肉客公司专注于用甜菜和酵母重现这种口味，这足以激起丹的兴趣，却也让我们的素食主义者感到不安。食品专家马克·比特曼（Mark Bittman）甚至分辨不出别样肉客公司的鸡肉卷和真正鸡肉卷的区别。以植物为基础的代肉食品会完全取代人们对人造肉的需求吗？即使在牛奶领域，许多人对植物奶相当满意，用发酵的腰果制作的奶酪也在迅速发展。不，这些产品不太可能和一盘新鲜的洪堡雾奶酪①相比，但它们是不是已经接近了大多数目标？

细胞农业在继续发展。2016年，斯坦福大学生物化学教授帕特里克·布朗（Patrick Brown）创造了“不可能汉堡”（Impossible Burger），在食品界大放异彩。从2009年起，布朗博士就开始研发一种新型汉堡，

① 洪堡雾奶酪（Humboldt Fog）是美国加利福尼亚州洪堡县（Humboldt County）的一种山羊奶奶酪。——编注

以应对他认为世界上最紧迫的环境问题：工业化畜牧业。2011年，他成立了不可能食品公司（Impossible Foods），并于2016年7月推出“素肉”，即“不可能汉堡”，这种食品的宣传文案是——“食肉动物的梦想”。布朗博士意识到，摆脱重肉饮食的关键在于了解为什么肉尝起来像肉。

“不可能汉堡”在环保方面有很强的说服力，它使用的土地减少了95%，水减少了74%，温室气体排放减少了87%。它比牛肉汉堡肉饼脂肪更少，不含胆固醇，且热量更低。在很多方面，它与“别样汉堡”类似，除了一种重要的添加成分。“不可能汉堡”含有一种关键成分——血红素。这种汉堡使用的是“植物版”血红素，也就是豆血红蛋白，用细胞发酵的方式来制造豆血红蛋白。换句话说，他们改造了酵母基因，制造出一种“肉味调味剂”。团队称，因为添加了血红素，“不可能汉堡”在油煎时会嗞嗞作响，还会渗出“血液”，不仅闻起来像肉，尝起来也像肉。现如今，从最豪华的顶级餐厅到白色城堡餐厅[①]，在美国，很多餐厅都会供应“不可能汉堡”。

92

关于血红素的讨论有很多。血红素是一种天然存在于动物体内的含铁分子，主要作用是为血液携带氧气。在动物肌肉中，它与肌红蛋白结合，携带氧气。不过酵母也可以产生蛋白质，如凝乳酶、胰岛素，在这个替代方案中，豆血红蛋白是在豆科植物根部发现的一种类蛋白。不可能食品公司用基因改造的酵母制造这种化合物。2018年，“不可能汉

① 美国本土连锁快餐店 White Castle，主要卖汉堡、薯条、奶昔等。一般认为这是美国第一家快餐店。——译注

堡”及其血红素拿到了美国食品药品监督管理局的许可。在我们的厨房舞台上，“不可能汉堡”会比“别样汉堡”更好吗？不幸的是，“不可能”也代表着“在加拿大不可能找到”，所以我们的抽样品鉴不得不被推迟。但我们达成了一致：只要能找得到，就会尝试这种“前沿汉堡”。

不会等太久的。植物性替代品市场将继续增长，因为它既健康，又能改善环境影响。别样肉客公司的汉堡代表着素食汉堡质的飞跃，但它并不能改变普通肉食者的游戏规则。人造肉终会到来，但可能比它的支持者所认为的时间要晚。一旦人造肉和人造乳制品的价格低于传统肉源、奶源，它们就会取代加工食品、快餐店和医疗机构中的动物食品。这是一个巨大的市场，因为仅仅在美国，麦当劳每年就要消耗10亿磅牛肉。

93

高端肉类和乳制品并不会消失。即使有细胞农业的替代品，像丹这样的美食家依然会去寻找这些食物。这并不全是坏事。尼科莱·尼曼(Nicolette Niman)在《捍卫牛肉》(*Defending Beef*)一书中指出，尽管农业草场会扰乱天然草原生态系统，但草饲牛使用的土地往往是无法耕种的。我不认为丹会在未来放弃吃草饲牛排，但这不是真正的重点，哪怕我们忽略放牧的影响。高端肉类和乳制品在市场上的占比还不到10%，因此，如果部分市场转向了人造牛肉和细胞农业，就有可能从根本上重塑食品体系和地球面貌。在某种程度上，人造肉的崛起只反映了肉类本身的霸主地位。霸权不会一夜消失，但并不意味着它不会被改变。这种改变能从根本上降低奶牛对环境的影响，还能通过终结工业化、规模化养殖业来减轻动物的痛苦。我们不是圣人，但人造肉将最终胜出。

原因很简单，有一天它会更便宜。

不过，房间里尚有两头大象。首先，对转基因技术的恐惧可能会阻碍细胞农业的兴起。转基因安全问题引起了极大的疑虑，但现实是——我们已经在吃转基因大豆和玉米，并未产生明显的负面影响。而且胰岛素和疫苗等转基因辅助产品已经成功使用了几十年。尽管如此，在食品安全问题面前，我们都倾向于保守一点。对转基因生物的反对有的比较温和，有的持极端的伦理主义观点。而我必须要说，通过筛选和杂交，人类已经在以一种更缓慢的方式改变动植物的基因。奶牛本身就是一种转基因生物，这种动物的性情和奶肉产量都是精心培育的结果。尽管如此，减少农业足迹的需要也许会迫使我们提升对基因工程的接受度。

第二个难点是生产足够的"给料"。用于创造新分子的发酵过程会消耗糖，而大部分糖的工业化、规模化生产都会对敏感的热带环境造成很大影响。然而，我们已经生产了过剩的糖。我们可以将糖的应用转向细胞农业，并减少对廉价含糖零食的依赖。还有另一重危险。生产细胞农业产品，可能会将我们对凉爽草场气候的影响，转移到已经在遭受环境退化的热带生态系统中。一个可能的解决方案是利用现有食品生产链的废物做细胞农业的给料。如果我们能利用剩菜来生产汉堡和其他动物类食品，细胞农业就可能被证明为新石器革命的终结，是从狩猎巨型动物群到驯化动植物、育种所需性状、作物专业化、农业产业化到生物反应器发展过程的下一阶段。

思考"不可能汉堡"时，似乎这趟旅程绕了一圈，又把我带回了更新世。这不会在一夜之间发生。但我可以想象，在未来，奶牛看起来更像更新世的巨型动物群，在曾经为工业化牛肉和奶制品种植饲料的农场上吃草。虽然道德争论和伦理决定（比如卡蒂亚的纯素食选择）将是细胞农业及相关技术的强大卖点，但细胞农业产品之所以能在食品体系中占据主导地位，是因为它们价格更低，更容易被用来改善我们的健康状况，而且它们几乎可以衍生出无穷无尽的品类。只需要几个细胞，就可以在实验室造出肉制品。那最终我们为什么不尝尝炖猛犸象肉呢？

人造肉和细胞农业会像精酿或市场园艺农业那样，成为各地小型生产商精心研发的产品吗？还是会出现大公司控制的合成肉类大规模流通的现象？现在下结论还为时过早。或许会在两者之间达到某种平衡，特别是随着细胞农业产品的价格变得更有竞争力之后。实验室农业的终极影响将取决于更大的社会、经济、环境和政治力量，而非产品本身的内在品质。细胞农业会谱写屠夫的《安魂曲》吗？现在下结论还为时过早。

第六章

有生命的风

几年前一个春天的早晨，我遇到了一只乌鸦。那时我正在门廊上边喝咖啡边吃羊角面包。它来了——一团模糊的影子，翻滚着落在地上。它看上去心烦意乱，羽毛歪斜，背上有个小伤口。我们看着对方，不知道彼此下一步会有何动作。终于，它小心翼翼地停在一个花盆上。

我不知该拿这位访客怎么办。东温哥华到处是乌鸦，尤其是北美乌鸦。它们栖息于内陆，飞到城市的海滩上觅食，吃鱼、贝类和螃蟹。一年夏天，丹带我一起去拍摄把蛤蜊扔到海边网球场上的视频。蛤蜊被摔在网球场坚硬的地面上，蛤壳大开，盘旋的乌鸦会俯冲下来吃肉。每到黎明和黄昏时分，它们就往返于栖息地和海滩之间，成千上万双丝绒般的翅膀汇成河流，挂在天空上。附近的居民通过壁画、艺术作品和其他媒介赞美这群鸟。其中一只乌鸦名叫“加内科”，因为从犯罪现场带着一把刀飞走，而在当地名声大噪。丹曾拍摄过乌鸦刨开草坪捕食金龟子幼虫的画面，还记录了它们在孵化季，对着在坚固鸦巢附近徘徊却毫无防备的行人进行俯冲“轰炸”的场面。乌鸦是我们风景的一部分，它们啄食垃圾，在电线上栖息。现在，有一只正好出现在我的门廊上，小心翼翼地梳理着自己的羽毛。我给它拿了些食物碎屑和水，然后捧起一本好书，在它旁边安顿下来。我担心它会引来邻居的猫。它抽动翅膀的方式，像在以一种不置可否的态度耸耸肩。早上快过完的时候，我给它取名为“拍打先生”（Mr.Flap）。

这位访客很快从惊吓中恢复过来，无论它闪闪发光的羽毛经受了什么伤害，都没有留下任何痕迹。它总会来这里吃早餐。我们之间发展出一个小小的仪式：我会拿出一碗干猫粮，它会和我保持一臂的距离，我们看着这一天徐徐展开。之后的某一天，我睡过了头，被“拍打先生”吵醒，它坐在我的窗台上，嘴里叼着猫粮碗，不耐烦地用碗敲打着窗户。显然，我和一只北美乌鸦有了一段长期的咖啡之约。从那以后，我每天早上准时去喝咖啡。我开始改变自己的饮食偏好，不再吃任何与禽类有关的食物。既然我有了一个禽类朋友，吃它的同伴似乎是不礼貌的。

*

一天下午，和丹聊起鸽子的时候，我想起了“拍打先生”。乌鸦可能是我所在的地方城市景观中的一部分，但对大多数城里人来说，他们最有可能注意到的是野生原鸽，也就是家鸽。这种动物举步皆是，已经适应了与人类共同生活——它们也是丹最喜欢的物种之一。在世界上

的各个城市，大约有一亿只家鸽在飞来飞去。对它们来说，人类最宏伟

的建筑只是一座方便筑巢的悬崖。鸽子们优雅地啄食着散落在街道上的人类垃圾，享受着它们的自助大餐。鸽子们很友好。世界各地的人都会把它们养在屋顶，或者到公园里去喂它们。

然而，原鸽的存在活生生地提醒着我们，世界上最令人费解的物种灭绝。原鸽并非北美洲本土动物。北美洲的天空曾属于一种更雄健的鸟——它们体形更大、速度更快，曾是地球上数量最多的鸟类。这种鸟就是旅鸽。我们对旅鸽灭绝的了解，几乎超过了其他任何一个物种的消亡。我们甚至知道最后一只旅鸽死亡的确切日期：1914年9月1日。它的名字是玛莎。它的故事，以及这个物种的故事，反映了人类从小规模农业向工业化农业时代的转变。

我对旅鸽的研究始于它的消亡之地：俄亥俄州。当时我正在克利夫兰享受阳光明媚的早晨。在去参加复兴美国中西部本土食品计划的会议之前，我沉醉在当地的美食风景中。我看到一小群鸽子在广场上徘徊，上上下下点着头，停在那里啄食散落的面包屑。克利夫兰的集市广场公园很安静，我在斑驳的阳光下静啜咖啡，注视着来到西区市场（West Side Market）购物的人群。空气中有一丝食物的香气，是苹果、咸肉和刚出炉的面包混合在一起的味道。那天早晨的克利夫兰舒适宜人。这座城市的轻轨系统干净而高效，凯霍加河（Cuyahoga River）上的桥梁如广告宣传的那样宏伟壮观。我还可以去探访一座历史悠久的市场大厅，尝试新的地方美食。我很开心，对着根本不理会我的鸟儿微笑。

很可惜，人们对克利夫兰的美食所知甚少。从西区市场开始，我怀

着虔诚的心情对这里的食物进行了一次“突击大扫荡”。比萨贝果可能是这里的发明，市场大厅里的比萨贝果上放满了辣味番茄酱和冒泡的奶酪，从烤箱出炉时还冒着热气滴着油。这里的“祖传吃法”是把又浓又酸的冰酪浆①淋在丰盈的面包体上，再撒上肉豆蔻。没想到它尝起来竟然这样清爽。比萨贝果太好吃了，我连吃了两个，不过还是给午饭留了肚子。我要去找标志性的“波兰男孩”餐厅，吃一种厚厚的辣香肠三明治，上面还放着薯条和卷心菜。回到广场时，我已经汗流浃背，肚子里绝对没有留给椰子棒的地方了——这是一种立方体形的白色蛋糕，上面覆盖着巧克力糖霜，还蘸了一层椰子片，这种本土甜食类似于英国和澳大利亚的拉明顿蛋糕②。

吃够了研究“成果”，我回到广场。没有食物让我分心了，我开始思考，为什么家鸽能在人类中间繁衍生息，而数量更多的旅鸽却不能。在我脚边徘徊的家鸽这一存在，是理解它们的野生近亲灭绝的一个复杂因素。当代的旅鸽观察者对旅鸽数量感到震惊，在最后一批旅鸽死亡后的几十年里，学者们认为这些鸟生活在南美洲，躲在南北极，甚或将月球作为栖息地。这不足为奇。旅鸽数量众多，它们的存在主宰着风景。《克利夫兰：一座城市的形成》（*Cleveland: the Making of A City*）中转引了19世纪40年代的一段描述，是对那个时代的典型写照：“有好几天，

① 酪浆是牛奶制成黄油之后剩余的液体，有酸味。酪浆比牛奶略浓，热量少，脂肪含量低。——译注

② 拉明顿蛋糕（Lamington cake）是澳洲家喻户晓的明星甜点，在海绵蛋糕体上覆盖巧克力酱和椰丝。——编注

克利夫兰的天空一片漆黑，数百万只旅鸽在人们头顶盘旋。它们翅膀的轰鸣‘在几英里外就能听到，就像伊利湖（Erie）汹涌的巨浪拍打着坚硬的海岸’。”一枪就能打下几只鸽子。在我所在的集市广场，这种鸟每只可以卖

100 到一便士。既然要了解旅鸽，我决定了解它们究竟是如何被杀的①。

旅鸽擅长几件事。它们组成迁徙的鸟群，飞行速度非常快，在北美洲东部茂密的森林中集体栖息。这些特征能非常有效地保护它们免受捕食者的伤害，直到它们遇到了手持工业社会武器的人类。人类的攻击来自两个方面：一方面，这种鸟很容易受到栖息地丧失的影响，因为它们需要太多的领地来觅食，其栖息行为却容易导致它们遭受攻击。另一方面，人类有了武器，杀它们易如反掌。

然而，旅鸽的灭绝却并非不可避免。这种鸟与土著居民共存了数千年，随着外来定居者数量的增加，旅鸽却依然在不稳定的生态平衡中生存了几个世纪。在此期间，移民数量、农田面积不断增长，人类捕食行为不断加剧，森林开始消失。当职业猎人可以通过电报即刻获悉旅鸽的主要栖息地，可以搭乘铁路成群结队地赶去攻击毫无防备的鸽群，这种鸟类的数量急剧下降。

电报和铁路——这两项技术是现代食物体系进化的关键。在此之前，野生食物在人类食物体系中发挥着重要的、可持续的作用。但自从这两项技术诞生后，没有陆生动植物能在人类的捕获能力下存活，野生食物从我们的日常饮食中消失了。

---

① 旅鸽被杀的可怕细节是本书中最令人不安的研究。请谨慎阅读本章的推荐书目。

欧洲人第一次见到旅鸽时，就觉得这种鸟似乎很熟悉。它们很大——博物学家约翰·詹姆斯·奥杜邦（John James Audubon）形容它们相当漂亮。它们体重近1斤，身长在38到45厘米之间，雄性身上有铜色、蓝色、灰色和紫色的斑点。雌性的颜色更柔和，但和雄性一样有着温和的叫声。它们会用树枝搭起松散的巢，一旦被激怒，便会全力保护幼鸟。然而，旅鸽有着旧世界的同类所没有的显著特征：它们成群结队，数量之多超乎想象。

101

2014年是旅鸽灭绝100周年，再次引发了人们对这个消失的物种的兴趣。博物学家乔尔·格林伯格（Joel Greenberg）在《飞越天空的羽毛之河》（*A Feathered River Across the Sky*）中指出，旅鸽的群居行为使它们有别于其他曾经存在过的鸟类。它们被描述为有生命的风，像一团云，是可以遮天蔽日长达数天或数小时的巨大力量。旅鸽的数量曾高达50亿只，占北美洲鸟类总数的40%。它们有迁徙的习惯，从哈得孙湾①到美国南部，每一个周期都需要数年时间才能完成。它们一次会栖息数月，然后腾空而起，时速可达96公里。旅鸽的学名“*Ectopistes migratorius*”在拉丁语中是“迁徙的流浪者”的意思，这个名字很恰当：北美洲大陆森林广阔，但没有一个地区能养活这么多鸟超过一季。1810年，美国鸟类学之父亚历山大·威尔逊（Alexander Wilson）在肯塔基州研究旅鸽，将它们描述为“活生生的黑暗，龙卷风般呼啸而过的风”。他的鸟类学家同事约翰·奥杜邦描述道，在1813年，当这些旅鸽沿着俄亥俄河上空

① 哈得孙湾（Hudson Bay）位于加拿大东北部。——译注

飞过时，人们经历了为期三天的昏暗时光。他写道："空中真的满是鸽子，中午的阳光被遮住了，像日食似的……翅膀不断发出的嗡嗡声让我的感官都凝滞了。"

102 旅鸽虽然是空中生物，但也依赖于大地。它们抚育幼鸽时必须在地面栖息四到五周。在树上，旅鸽和鸽蛋很容易受到捕食者的攻击，它们通过聚集数万、数十万甚至更多的同类来弥补这一点。它们喜欢低矮潮湿的树林，这样的环境既能为它们提供水源，又能保护其免受捕食者的侵害。旅鸽的栖息地大小不一，有的只有60亩，有的占地面积超过1000平方公里。其中大部分地区至少覆盖了几公里的森林。

旅鸽把密度体现得淋漓尽致。它们在每棵树上都筑了几百个巢，密密麻麻聚集成堆。与旅鸽同时代的作家还曾写过，旅鸽会栖息在其他鸽子头上。它们压断了成熟的大树，在巢下留下近30厘米厚的粪便。极端情况下，栖息地里有数千万只鸽子。当捕食者个体数量相对较少，只猎杀一两只鸟作为简单的午餐时，这种行为是合理的。然而，人类并非只有一两个。在北美洲东部大城市新建的公共市场里，人们把数量可观的鸟群变成廉价的食材。美国鸟类学家亚历山大·威尔逊在其代表作《美国鸟类博物学》(*The Natural History of the Birds of the United States*)中写道，路边的每个酒馆都供应旅鸽，"满载旅鸽的马车鱼贯驶入市场……鸽子成为日常生活的一部分，成为早餐、午餐和晚餐中的菜式，直到这个名字变得令人作呕"。旅鸽出现在几十种常见的食谱中，因此濒临灭绝。

旅鸽被各种各样的动物捕食，它们的蛋和乳鸽更是诱人的目标。

为了生存，旅鸽必须保护自己和蛋不受地面上的臭鼬、狐狸、猞猁、浣熊以及空中的猎鹰、猫头鹰、秃鹫和老鹰伤害。聚群可以保护一个物种不受动物捕食者的侵害，但面对人类的捕食，却会让它们陷入极大的危险之中。例如，据报道，圣安东尼奥的一个年轻人仅仅是用小棍打鸟，就杀死并收集到400多只旅鸽。随便撒张网，就能捕到足够做几顿饭的鸽子。对于北美洲饥饿的殖民者来说，旅鸽是最早的快餐。

103

旅鸽对北美洲土著群体很重要，它们在易洛魁联盟（Iroquois Confederacy）① 的文化中发挥了至关重要的作用。这是一个由五个（后来是六个）团体组成的政治联盟，其中包括塞尼卡人和莫霍克人，这两个土著民族控制着旅鸽沿五大湖迁徙路线中心地带的大片领地。为了保持鸽子的数量，他们只猎杀成年鸽，然后把鸽子风干、煮熟或烤熟。由于鸽子每四到八年才出现在同一个地方，因而这些“鸽年”就具有特别重要的政治意义，土著民族会聚集在鸽子的栖息地，重新结盟、交易、计划婚姻。旅鸽出现在易洛魁人的春天，人们会在制作枫糖后、种植作物前的一段时间内享用它们。鸽子还会被发酵成鸽油，与谷物混合，制成类似平原地区的干肉饼。

第一个记录吃旅鸽经历的欧洲人是萨缪尔·德·尚普兰（Samuel de

① 北美洲原住民邦联之一。使用易洛魁语言的北美洲原住民部族在今纽约州中部和北部逐渐形成并共同生活，在16世纪或更早前结成邦联关系，称为易洛魁邦联。原先的易洛魁联盟往往被称作“五族同盟”，由五大部族莫霍克人、奥内达人、奥农达加人、塞尼卡人和卡尤加人组成。1772年，塔斯卡洛拉人加入，联盟成为“六族同盟”。—— 译注

Champlain），他在1605年的日记中写道，缅因州沿海有数不清的旅鸽。尚普兰所在的阿卡迪亚（今新斯科舍省）① 罗亚尔港（Port-Royal）殖民地，是欧洲在北美洲当地的第一块殖民地，周围水域和陆地上丰富的食物让这个法国前哨站得以存续下来。起初，尚普兰和他的军官们还嘲笑当地的食物不如法国，但1606年的严寒对殖民地造成了致命打击，随着物资短缺问题的出现，他不得不支持士兵去钓鱼和打猎，旅鸽便成为一种很受欢迎的晚餐。尚普兰创建了北美洲第一个美食俱乐部“轮流助兴”（Order of Good Cheer），以此来鼓舞士气。他让殖民地的少数精英轮流打猎和捕鱼，然后用所得的猎物制作经典的法国菜肴。

104

尚普兰和他的手下是第一批但肯定不是最后一批在北美洲依靠如此简单的食物来源为生的早期欧洲人。在许多关于早期定居点的记载中，在北美洲东部盘旋的鸽子被描述为拯救生命的动物。1769年，鸽子的到来拯救了成千上万的美洲殖民地，使其免于因农作物歉收而面临的饥荒。珍妮弗·普赖斯（Jennifer Price）在她的《飞行地图》（*Flight Maps*）一书中写道，旅鸽的数量至少在一定程度上导致了美国人的自负，让他们认为这片新大陆是取之不尽的。她认为，“野生鸽子助长了美国人普遍认同的理念，他们认为资源永远不会被消耗殆尽……这种逻辑（现在）可能很难理解，但殖民者或许必须要有更强大的想象力，才能幻想出我们已经很熟悉的场景——那些相对空旷的、被破坏的景观”。来自

① 位于加拿大东南岸的省份。——译注

欧洲的移民第一次能在不受地主限制的情况下自由外出打猎。一大群鸽子的到来让人们感到兴奋，他们甚至会放下手头的工作，向天空扫射。1727年，魁北克市通过了一项禁止在城墙内开枪的法律，但几乎无法执行下去。直到1821年，多伦多的警察部队进行了大规模的逮捕，但后来他们也放弃了，加入了猎捕旅鸽的行动。要抵制一件相当于“天上掉馅饼”的事情并不容易。

早期殖民者的狩猎很可能并非该物种灭绝的重要因素。尽管旅鸽与人类殖民者的邂逅，常以它们成为盘中餐而告终，但猎鸽只是局部地区的有限行为，而且在一定程度上，这种行为被美国农田中日趋丰富的作物资源所抵消。17和18世纪的农民描述了他们与旅鸽的失败战争。起初，破坏是双向的。稍微调查一下就会发现，小麦、玉米和黑麦收成遭到了旅鸽的破坏，水果和种子作物也被它们大量掠夺。在加拿大，主教们通常会将毁坏农作物的旅鸽群逐出教会辖区。在五大湖各州，有些农民会喂它们吃有毒的谷物，不过这种做法很危险，也会危及人类的健康。还有农民用酒精浸泡过的谷物喂它们，然后把喝醉的鸟儿收集起来炖着吃。庞大的鸽群被比作《圣经》中的蝗灾。旅鸽影响了北美洲地区农业的发展。1860年，丹尼尔·范·布朗特（Daniel Van Brunt）发明了第一台北美洲地下播种机，这种设备能将种子深深插入犁过的土地。促成这项发明的原因之一就是为了阻止旅鸽偷吃种子。旅鸽对农田的破坏掩盖了人们对其数量下降的担忧——躲过了“鸽年”的农民不太可能对此产生抱怨。

105

其实鸽群的到来并不全是坏事。虽然这些鸟毁掉了整片森林，留下一片狼藉，但也给农业带来了财富。在旅鸽的栖息地，它们的粪便有时厚达30厘米，如果在栖息地烧火开荒，种上作物，肥沃的土壤保证让幸运的农民获得丰收。然而这也是旅鸽面临的另一种压力：它们离开后，一些最理想的筑巢地就会被改造为农场。

106

当地农民还会组织狩猎队，尽可能多地捕获鸽子。整个族群都会加入到这样的群体狩猎中，旅鸽群则在栖息时被彻底消灭。这种行为不仅当场杀死了旅鸽，也杀死了它们的后代。影响农业发展是这些族群进行如此大规模杀戮的唯一解释。猎捕的行为往往远远超出了实际用途，仅仅是几分钟的狩猎，一个族群所捕获的鸽子数量就会超过他们实际需要的数量。数千只死鸽被用来喂猪，或扔到田地里做肥料。但即使经历了这种程度的局部灭绝，这个物种仍保持着庞大的数量。令旅鸽无法生存的原因是人类采购和运输食物方式的变化。旅鸽有一个可怕的弱点：它很美味。

*

行驶在克利夫兰，你很难不注意到这里的空地和被毁坏的建筑物。如今克利夫兰的人口已经下降到1950年高峰时期的40%左右。由于工业的衰退，这个地区又被人们称作“锈带”。但在100年前，也就是19世纪中期，克利夫兰的发展蒸蒸日上，集市广场上热闹非凡，到处都是旅鸽生意。这些鸽子被装在桶里，用火车运到此地——对于当时美国最大、发展最快的城市来说，它们是廉价而充足的蛋白质来源。西区市场就是在这股繁荣浪潮上发展起来的。这幢建筑常被误认为火车站，它是布杂艺术风格建筑①的典范，体现了希腊的黄金分割比例。但首先，这座市场是食物体系技术的一部分。

了解公共市场的影响有助于揭示旅鸽的命运。就以我正在参观的这座市场为例吧。市场两侧各有一个“L”形的蔬菜拱廊，这样的露天结构利用自然凉爽的湖泊空气，能更好地保存菜贩的货品。落成于1912年的市场由花岗岩和釉面砖建成，上面是加泰罗尼亚拱形砖顶，由五个大拱门支撑，还有一个透明的天窗，能让自然光充满阔大空间。独立的贩鱼空间里弥漫着海鲜的味道，还有在当地随处可见的优雅钟楼。

107

西区市场的“后台”同样令人印象深刻，这里彰显了那个时代最好的技术。装载码头足够长，可以同时容纳几辆车，货运电梯也足够大，可以容纳几头牛的肉。地下室里有很多间冷库，在家用冰箱普及之前，其容量大到能把多余的冷库租给当地居民。集市初开时，有56个肉摊、18个黄油鸡蛋摊、9个鱼摊和一个蔬菜花市。

如果没有冰箱，大多数家庭几乎每天都要去市场，买些易变质的食材，搭配家里的主食。在整个19世纪，一两只价格合理的鸽子是很常见的食物。这样的早期工业市场，将野味的销售扩大到了一个可怕的新规模。

我们对19世纪东海岸市场黄金时代的了解，很大程度上要归功于托

---

① 新古典主义建筑晚期流派，是一种混合型的建筑艺术形式，主要流行于19世纪末和20世纪初，其特点为参考了古罗马、古希腊的建筑风格，强调建筑的宏伟、对称、秩序性，多用于大型纪念建筑。——译注

马斯 · F. 德 · 沃（Thomas F. De Voe）上校的著作，他亲切地记录了纽约市场的日常生活节奏。德 · 沃于1811年出生于扬克斯市下城区（Lower Yonkers），少时曾前往纽约，在曼哈顿的华盛顿市场当过屠夫学徒。这份工作很适合他，在结束了早年成功的军旅生涯后，他在西村新开的杰斐逊市场有了自己的摊位，在那里工作了40年。德 · 沃的肉类和野味知识非常丰富，堪称百科全书式的人物，因而一跃成为市场中的领袖。

德 · 沃最著名的作品是1897年的《市场助手》（*Market Assistant*）。108 我很幸运地拥有一本初版，上面有德 · 沃棕色屠夫墨水①的清晰签名。这本书概括介绍了他在市场上出售的每一种产品，还生动地介绍了该如何选择和烹制它们。他尤其以自己挑选鸟类的功夫为傲，声称“在公共市场——尤其是纽约市的市场，野生禽类和鸟类这些野味的品种和数量之多、质量之优，是世界上其他任何城市都无法比拟的”。他描述的场景就像展示可食用物种的动物园。市场上出售的野生鸟类包括天鹅、二十几种鸭子、野生火鸡、山鹑、松鸡、野鸡、鹌鹑、鹬科鸟类、鸻科鸟类、海鸥、矶鹞、云雀、鹤，当然还有旅鸽。德 · 沃特别注意到旅鸽，因为这是他那个时代最重要的可食用鸟。他指出：“在9月下旬和10月间，在我们的市场上能找到大量的鸟，有活的也有死的，价格很便宜……大量的鸟类被捕网活捉，关上几个星期，用谷物喂肥，随着涨价被送到我们的市场上来。”德 · 沃也描述了大部分鸟类是如何在西海岸被捉、用火车运来的，这也表明，鸟类在东海岸的数量已经在

① 指屠夫用来在肉上做标记的墨水。——译注

下降。

从德·沃的描述中，我们了解到为数不多的关于旅鸽实际味道的描述。他写道："野生乳鸽在肥嫩新鲜的时候非常美味。笼子里养大的鸽子也不错，不过肉质比较干。可是可怜的野鸽，即使用再好的方式烹饪，也不怎么好吃。"成年旅鸽肉干柴的特质在食谱中被反复提及，许多人用炖煮或搭配大量酱汁、肉汁的方式来弥补这种缺点。

德·沃在描述职业猎鸽人的工作时，表达了对旅鸽数量之多的惊诧。猎人会把一只被驯服的鸽子绑在椅子或凳子上，把黑麦撒在周围的地面，等待它毫无戒心的同类到来，再撒网捉住所有的鸽子。这就是"线人"（stool pigeon）① 一词的由来。1858年，德·沃观察到650只鸽子被一网捕获。但他也指出，旅鸽不再像他早年看到的那么多了。他描述了1771年波士顿食品价格普遍下降的情况，当时一天内可卖出5万只旅鸽，但他同时也指出，随着旅鸽数量的减少，此类事情已经不再发生了。

109

德·沃在他的著作中描述的市场，商品是由商人自己提供的，他们从村民和冒险家那里采购产品。产品链上至美国城里社会精英用的面霜，下至地广人稀的偏远地区打到的猎物。19世纪中期的职业猎鸽人并不多，有几千人跟随鸽群，但可能只有几百人全职从事这一行。他们的生活很像我们对美国边地人民的刻板印象：总在千里迢迢追赶鸽群。他们住谷仓、帐篷或露宿野外，把猎物卖给中间商，比如靠旅鸽发家的密

① stool pigeon 的字面意思是"凳子鸽子"，被引申为线人、密探的意思。—— 译注

歇根艾伦兄弟。艾伦兄弟的笔记反映出这个物种陷入的困境：随着时间的流逝，他们注意到鸽群的数量越来越少，离大城市也越来越远。但无论剩下的鸽群身处多么偏远的地方，铁路还是在向它们无情地靠近。殖民者只在过路时捕获旅鸽群，但猎人不同，他们会主动追赶这些鸟。虽然相关记录很少，但零星记录表明，数十万只旅鸽被捕获，从各个栖息地运送出去。由于长途跋涉且缺少冰块，许多被猎杀的旅鸽后来被浪费掉了。活旅鸽在市场上尤其值钱，随着鸽群迁移得越来越远，它们的价格也水涨船高。在旅鸽贸易繁荣的年代，如果农民有幸在自己的地盘发现一群旅鸽，也会偶尔把它们卖给批发商。东海岸农场收成不好，旅鸽意味着飞来横财。鸽子的羽毛被做成被子，脂肪被做成肥皂。鸽肉养活了新工业化食品体系中日益高效的组织机制。

在旅鸽捕猎的高峰期，这种鸟量大又便宜，从农场的餐桌到火车的餐车，再到美国最优雅的餐馆，都是备受欢迎的佳肴。但随着这种鸟数量的减少，仅存的鸽群价格超出了普通工人的承受能力。尽管如此，美国上层阶级仍然对这种注定要灭亡的鸟情有独钟。旅鸽的烹饪在当时的顶级餐厅达到登峰造极的程度——那就是传奇的德尔莫尼科餐厅（Delmonico's）。

德尔莫尼科餐厅专为纽约上流阶层服务。它开业于1827年，是新大陆第一家受到欧洲人高度赞扬的餐厅。它找到了现成的客源。当时，各阶层的美国人大部分时间都在家里吃饭，或在小酒馆和旅舍里用餐。在这些地方，每天都会在固定时间将不同质量的饭菜端上餐桌。商人们在公共餐馆吃午饭，这些餐馆不过是有餐具柜的酒馆。瑞士兄弟彼得

(Peter) 和约翰·德尔莫尼科 (John Delmonico) 意识到这是一项有利可图的生意，于是在纽约威廉街23号开了他们的第一家餐厅，让美国人第一次领略到欧洲烹饪艺术的体验。此举大获成功，得益于他们请来了侄子洛伦佐 (Lorenzo)，他后来负责餐厅的菜单和酒窖。在他的监督下，德尔莫尼科餐厅为食客提供了有史以来最精美的旅鸽料理。

德尔莫尼科家族取得了巨大的成功，几度把餐厅搬到更豪华的地方，并于1837年在南威廉街和比弗街开设了后来被称为“城堡”(the castle) 的餐厅。入口矗立着从庞贝废墟引进的柱子，作为对这座放纵狂欢的神庙恰如其分的致敬。至今它们仍矗立在那里，守卫着尖尖的转角。 111

洛伦佐·德尔莫尼科慷慨又大方，他认识每个来吃饭的客人。他明白，家族的财富和权力取决于他们提供的食物，必须确保只用最好的食物装点餐桌。他亲自为餐厅采购，在凌晨4点起床，喝浓浓的黑咖啡，或许还会抽支手工雪茄，然后去华盛顿和富尔顿的市场，为食客挑选最好的食材，包括最丰满的旅鸽。

除了格外重视他的食物，洛伦佐成功的另一个支柱是他的厨师：查尔斯·兰霍菲尔 (Charles Ranhofer)。洛伦佐说，他第一次面试查尔斯时，对方就明确表示，他同意为德尔莫尼科家工作是在帮他们一个大忙。兰霍菲尔是对的，他是这一代为数不多真正伟大的厨师之一。16岁时，兰霍菲尔就成了比利时阿尔萨斯伯爵 (Comte d'Alsace) 的私人厨师。1856年，他搬到纽约，为俄罗斯领事做菜，成为外交官们的最爱。1860年，他回到法国待了一段时间，在杜伊勒里宫 (Tuileries Palace)

为拿破仑三世（Emperor Napoleon III）举办盛大舞会。1862年至1896年间，兰霍菲尔在德尔莫尼科餐厅担任厨师，与餐厅携手为纽约社会奉上了新大陆最为精致的菜肴。

我们之所以对兰霍菲尔知之甚详，是因为他写下了19世纪最伟大的饮食巨著之一。他的杰作《美食家》（*The Epicurean*）收录了现存最优秀的旅鸽食谱集。兰霍菲尔用卷心菜和芜菁来慢炖旅鸽，配上牛犊胸腺、火腿和蘑菇做成的丝绒酱①，浇在炸洋蓟上。心情一般的时候，他会用煎旅鸽配培根，放在米饭上。为了一顿精致的大餐，他会把十几只塞满火腿和松露的旅鸽摆在黄金或水晶架上，再饰之以稀有水果。“女猎手风味”是把面包屑和帕尔马干酪包裹在旅鸽上，配松露和蘑菇。“君主风味”则是用猪肉、蔬菜配菜和鸡冠（因为缺少鸡冠，这位大厨还记录了一种仿制鸡冠的方法）炖旅鸽，调味用一种南方风味香料，再配上小龙虾和鹅肝。对于那些喜欢清淡食物的人，他会把旅鸽与培根、飞行员饼干（也就是压缩饼干）一起文火煨熟，在鸽子里塞上鸡蛋和猪肉馅，放在一层萝卜和豌豆上，或直接在鸽子胸脯里塞上小龙虾肉碎。在一些隆重的场合，旅鸽配橄榄菜要把配菜搭成一座小塔，这样才能突显鸽肉的主菜地位。但他最著名的一道菜其实是最简单的：用猪油煎旅鸽，放在一层豌豆上。

兰霍菲尔也制作传统的派，他的英式鸽子挞要用到三只旅鸽、盐、

① 丝绒酱（velouté sauce），“厨师之王”奥古斯特·埃科菲（Auguste Escoffier）列出的法国经典“五大母酱”之一，如天鹅绒般柔滑细腻，金色面糊与不同的清鲜汤汁混合，可以打造出精致而醇厚的百变风味。—— 编注

胡椒和红辣椒。他把培根、洋葱、煸熟的鸽子和白煮蛋放进派皮中，加入肉汁，再盖一层酥皮，然后进行烘烤。当时厨师的普遍惯例是把鸽脚留在派的外面（我想是为了表明里面是什么肉），但兰霍菲尔认为这种做法并不高雅。

*

我花了很多时间想象历史上的食物可能是什么味道，兰霍菲尔是理解旅鸽味道的关键。这些食谱显然不是为了让另一种味道盖过鸽子的味道，那我们可以假设，以当时的标准来看，鸽子的味道并不重。在其他资料中，它们被描述为清淡可口，这一说法在兰霍菲尔的食谱中也得到证实。但它们的肉质很干很柴——屠夫德·沃的观察在兰霍菲尔的食谱中也得到了佐证。几乎每一道菜式都用到了脂肪，通常是猪肉，也有许多菜式要用酱汁来平衡鸽肉的干柴口感。那些想把野味做得多汁的人一定觉得兰霍菲尔的窍门和困境似曾相识。 113

1868年5月，在为查尔斯·狄更斯（Charles Dickens）举办的宴会上，兰霍菲尔呈上了旅鸽配豌豆、旅鸽配蘑菇和松露旅鸽肉饼。晚餐供应了超过35道菜式（不包括甜点），持续了8小时。旅鸽是这类活动中很受欢迎的菜式，而德尔莫尼科餐厅也每天供应旅鸽。然而，就在兰霍菲尔的厨房一盘又一盘地端上旅鸽时，看似取之不尽的野生旅鸽实际上正在迅速减少。

农民们首先注意到这种趋势，尽管德尔莫尼科餐厅的顾客仍在对裹着松露的旅鸽大快朵颐。“鸽年”带来的额外收入已经成为历史。专业的猎鸽人只能游走在旅鸽活动范围的边缘，他们开始意识到这个行业的末日即将来临。到19世纪80年代，大多数猎鸽人都离开了，剩下的旅鸽实在太少，无法支撑他们的生意。几百人就能给一个曾拥有数十亿成员的物种带来最后一击，这听上去难以置信，但有证据支持这一结论：114即有组织的市场消费性狩猎成为对这一物种的毁灭性打击。一旦庞大的筑巢地被摧毁，最终的崩溃就会很快发生。19世纪80年代初，野味经销商爱德华·马丁（Edward Martin）曾有言，它们“就像被地球吞噬了一样”。到1893年，旅鸽已经从富尔顿市场和曼哈顿精英们优雅的餐盘中消失了。

到19世纪90年代中期，旅鸽在野外已经绝迹，公众开始惊讶于这样一种常见鸟类为何会在野外灭绝。农民们非常期待这些流浪的鸟儿有一天会再度归来。鸽肉派为人们津津乐道，天空却还是空空如也。奥尔多·利奥波德（Aldo Leopold）在《沙乡年鉴》（*A Sand County Almanac*）中写道：“那些在年轻时被‘有生命的风’摇撼过的树木还活着。然而，十年后，只有最老的橡树还记得它们，时间再长一些，只有那些山丘还记得它们。”已知的最后一只野生旅鸽叫“纽扣”，于1900年被捕杀，只留下三个被圈养的小鸽群，后来又减少到两群，最后，只剩下辛辛那提动物园里唯一的一群。

随着“玛莎”的死亡，旅鸽最终在俄亥俄州灭绝。辛辛那提动物园是美国第二古老的动物园，旅鸽是其早期收藏的物种。这二十几只鸽子被关在一只木笼里，已经变得相当顺从。玛莎可能出生于20世纪初，是最后一批来到这世上的旅鸽之一。这群鸽子大多上了年纪，长得并不茁壮。鸟儿们一只接一只地死去，最后只剩下一对——乔治和玛莎，以美国第一任总统和第一夫人的名字命名。1910年，乔治去世，留下玛莎作为它所属物种的唯一代表。1914年9月1日，它以高龄“寿终正寝”。

辛辛那提的玛莎去世一个世纪后，旅鸽仍然令人敬畏。玛莎不仅仅是一个注脚，还是“最后一只旅鸽”，象征着在工业社会的崛起中失去的一切。尽管玛莎当得起这样的名声，但我们对它的迷恋，突显了人类无法从整体上把握生态系统和物种的缺陷。我们理解玛莎的死，但不明白作为一个“物种”的旅鸽并非其个体的总和。旅鸽是成群存在的，离开鸽群它们就无法生存。玛莎只是活着的幽灵。面对捕食者，旅鸽无法单靠数量取胜，它们倒下了。 115

人类杀掉旅鸽，是因为饥饿；因为它们干扰了农业；因为它们能快速变现，支持陷入困境的农场；当产业化狩猎出现，它们又因能为人类提供廉价的食物来源而被猎杀；为取悦洛伦佐·德尔莫尼科那些功成名就的主顾而被杀。它们也被当作消遣而遭到屠杀，而这只是故事的一小部分。最后一批旅鸽很快消失了，但这是可以理解的，因为它们本就是一个在捕食中“以数量取胜”的物种。北美洲的生态系统感受到了它们的消失，一个关键物种不可避免地灭绝了。我们猜测，松鼠和老鼠的数量或许有所增加，但猛禽的数量会减少。鹿的数量会增加。一些树种会变得更加稀少，因为它们的种子无法再由旅鸽传播。天空一片寂静。

*

回到温哥华后，“拍打先生”继续和我共进早餐，这一习惯持续了好几年。我把羊角面包递过去，它会从我手里抢走，一边嘎嘎地叫着。一天，它带着一只害羞的朋友出现了，那是一只小黑乌鸦，我叫它“午夜”。① 这两只乌鸦终于厌倦了我，和它们的同伴一起在城市上空翱翔，116 但一两天后又重新出现。后来，我搬家了，听说它们也离开了。有时，我还会寻找“拍打先生”的身影，尤其是在吃早饭的时候。像玛莎一样，它徘徊在我的脑海里，像风中的一抹暗影，一片羽毛。

---

① 由于我不是鸟类专家，我不确定“拍打先生”是否真的是一位“先生”，不过它比它的朋友体形大一些，也更善于社交。

第七章

灌 胃[1]

“丹！ 过来！ 我刚刚看到了你的一只老鼠。”

丹叫我安静下来，在黑暗中张望。“仔细看，我能看到三只。太阳就要出来了。如果你想看到它们最好的样子，晚上再来吧。”

“不用了，谢谢。”我说着，退到开裂的人行道上。

我盯着黑莓树丛下凉爽的树荫。丹和我去了他的一个实地考察点，这片空地被高高的黑莓藤蔓覆盖。在我们周围，工业建筑矗立在铁轨和成堆的瓦砾间。这不是一个有趣的地方，但黑莓藤蔓确实散发出一种令人愉快的清新气息。藤蔓之下，光秃秃的地上只有垃圾和鹅卵石大小的石块散落其间。黑暗中隐藏着数百个洞穴，我看得越久，看到的老鼠就越多。只是一些碎片：一双眼睛，一闪而过的灰色。丹在调整相机，一

---

① 一种烹饪技术，指将一种动物的肉塞进另一种动物体内。据说这种方法起源于中世纪。—— 译注

半身子掩埋在锋利的尖刺中。他慢慢后退，在初升的太阳下眨了眨眼。

118 “这地方有没有黑莓藤蔓或老鼠以外的活物？”

“不多。黑莓的学名是‘*Rubus fruticosus*’，它们有能力完全覆盖受干扰的地面。这种植物是来自东欧山区的入侵物种，那里的植物必须很顽强，才能在漫长的寒冬和炎热的夏季生存下来，尽管欧洲大陆的其他地区也有本土黑莓。即使土壤贫瘠，我们的城市也是这些黑莓藤的理想生长地。”

他不是在开玩笑。这些藤蔓能穿过混凝土，在夏季一天能长15厘米。老鼠喜欢这样的灌木丛，因为这能让它们保持凉爽和隐蔽，不受捕食者的伤害。当然，老鼠也喜欢吃黑莓。每英亩黑莓产量高达两万磅。如果它的刺不那么烦人的话，就会是完美的可食用植物。

丹从胳膊上拔出几根弯曲的刺，皱了皱眉。

“这么说，这些黑莓不是一直都在这里？”我问，“出乎意料啊，我一直认为它们就是生态系统的一部分。”

丹站起来，若有所思地看了我一眼。“嗯，现在确实是这样。就和那些老鼠一样，也和你我一样。不过我不确定这个信息对你有多大用处。生态系统是会变化的。不寻常的是其间的‘缺口’。那些空白的部分。在一个完整的生态系统中，黑莓和老鼠将会找到平衡。这里没有的东西才是不寻常的。缺口越大，空白的生态位就越多。要理解这一点，以及为什么灌木丛只有几种简单的物种，而不是像古代生态系统那样美丽而复杂，你需要知道其中缺少了什么。这很难。”

太阳出来了，蜜蜂从看似不存在的地方飞来，在花丛中飞来飞去。

我们默默地走着。丹说得对，关键在于我们要看到改变后的生态系统中缺少的东西。消失的巨型动物群，仅存的少量野牛，曾布满鸽群的空旷天空。作为人类，我们倾向于考虑个体，但生态系统是关于群体的。一些关键物种支撑着整个生态系统。旅鸽就是这样一种关键物种。 119

当进一步探索消失的可食用物种时，我常想到幽灵。现如今，地球的大片区域都成了“幽灵生态系统”，失去了曾经欣欣向荣的奇妙多样性。一些科学家现在的看法是，人类在世界上留下了太多足迹，我们必须重新思考地球的机制是如何运行的。有些人更进一步认为，我们实际上已经进入了一个新的地质时代，而人类活动是星球层面变化的主要驱动力。他们称这个新时代为“人类世”。

讨论人类历史时，地质时期会有点令人困惑，因为与地球本身相比，我们人类存在的时间太短了。所有的人类历史都处于所谓的第四纪时期，这一时期大约始于300万年前。我之前提到过，这一时期被分为两段：更新世和全新世。人类在更新世狩猎和采集，在全新世开始耕种农田、饲养动物。人类世是这一纪的第三阶段。这个名字是希腊语“人”和“新”的组合。这是个新兴概念，虽然不完全存在争议，但仍在讨论中。

定义一个新的地质时代并不简单，不能不假思索。目前，人类世仍是一个拟议的时代。不过在2016年，一个工作组建议正式接受这一术语——这项法案尚需国际地层学委员会（负责分析地层次序和位置）和国际地质科学联盟的批准①。该术语最初由苏联使用，后来由大气化学 120

① 总得有人来记录50亿年的历史，而我甚至不能让我电脑里的文件井井有条。

家保罗·克鲁岑（Paul Crutzen）推广，描述我们对地球大气层的影响。克鲁岑认为，人类改变大气层实际构成的能力是全新的，而且意义深远。这影响到每一种生物。从那时起，这个词引起了广泛关注，还催生了几次会议和一份学术期刊。这个新时代的确切起始时间仍然是一个有争议的话题。一些人认为，工业革命标志着人类开始有能力影响大气层，而另一些人则将其追溯到农业开始出现的时代。然而，最常被提及的日期是1945年在新墨西哥州特里尼蒂（Trinity）进行的第一次原子弹试验。

人类世与我们的讨论相关，因为它与我们前面谈到的第六次灭绝同时发生。我们的灭绝率目前在背景灭绝率的一百倍以内，但就像丹指出的，我们也看到了地球生态系统的彻底简化。这是一个衰落的时代，一个“减员”的时代。想象一下，如果把地球上所有的生物聚集在一起称重[①]，我们会发现，现在的生物量比人类主宰地球生态系统之前减少了大约50％。我们无法确认确切的损失是多少，但趋势很明显，而且引人担忧。物种灭绝率大约从1500年开始上升，但实际上直到20世纪，生物量才开始急剧下降。2015年的一项研究表明，我们已经失去了地球上121 大约7％的物种，而且人类被认为是目前全球范围内的超级捕食者，随着人类扩张和人口数量的增加，人类还会继续消耗生物量。就像黑莓灌木丛一样，一旦到达某处，我们往往会留下来，修整周围的生态系统。

各种证据都表明，新时代已经到来。在生物地理学方面，人类将物种迁移到了全球各地，比如丹的黑莓灌木。这些物种会突然出现在未来

---

① 我知道，这是一个奇怪的思想实验。这堆东西中绝大部分都会是蚯蚓和磷虾。

的化石记录中，让未来的古植物学家感到困惑——如果这种职业和他们的研究领域还存在的话。未来的气候学家将能绘制出大气中的二氧化碳含量从百万分之二百八十上升到百万分之四百的过程，当然还有其他相关变化的图表。

人类也改变了地表，我们开凿运河，改变河流的路线。我们砍伐森林，制造不会腐烂的产品。这些技术化石将存在数百万年，在我们建造的一切都化为尘土后，仍然长久地掩藏在岩层中。当然，我们的原子试验已经产生了1945年前地球上不存在的放射性核素。从维多利亚时代到现在，我们创造了一个新的星球，这是数以百万计的有意行为造成的无意影响。

如果我们接受人类世的存在，要如何将这个概念映射到人类的食物体系中呢？让我们回顾一下。在更新世，人类是捕猎者和采集者，是自然掠食者，而且相当有效率。在全新世，人类开始耕种农田、驯养动物。这些活动绵绵不断地缓慢改变了地球景观，我们可以通过对鸽子的讨论来说明这种改变。鸽子的驯化发生在底格里斯河和幼发拉底河交汇点附近，在这片郁郁葱葱的平原和沼泽带上，有人类最早的一批主要定居点。五千年前的美索不达米亚楔形文字板上提到了原鸽，但没有记录表明人们是否嘲笑过第一个建造人工结构来鼓励鸽子筑巢的创新者。人们应该对这种鸟很熟悉。史前的原鸽和人类一起生活在悬崖和洞穴附近。它们很容易被网住，埃及的坟墓中还发现了用鸽子做成的食物残骸，这些食物被包起来，供死者在来世享用。 122

罗马人对鸽子情有独钟。他们饲养不同品种的鸽子，用来传递消息

（鸽子很擅长返回自己的巢），也将之作为献给女神维纳斯的祭品。哈德良别墅中的鸽子镶嵌画[①]描绘了鸽子在神殿和鸟巢中的形象，突出了这种"双重角色"。鸽子栖息后，早期饲养者会给它们喂食，偶尔也会捕获几只（或几枚鸽蛋）。鸽子能提供的热量可能很低，以至于乳鸽长期被认为是富人的食物。但古人喜欢鸽子，为它们建造了豪华的栖身之所，有些可以容纳数千只鸽子。但它们被喂得不多，也会飞到别处去觅食。

每对鸽子每年大约生十只乳鸽。对于早期人类定居点多样化的饮食体系来说，这只是小小的补充。鸽子之所以能成为入侵型野鸟，是因为其具有易驯化的特性。它们很容易找到自己的巢，能以城市居民丰富的残羹为食。（说句题外话，鸽子的幼鸟很特别，乳鸽在孵化后几个月内都不会离开鸽巢。这是一段格外漫长的羽化期，也是为什么都市人很少见到乳鸽的原因。）

鸟舍的重要性体现在两个方面。一旦人类永久定居，不再随季节变化寻找食物，就必须确保一年中的所有时间都有食物供应。因此，食物的储存变得至关重要。事实上，收获期的大部分时间都花在了烘干、烟熏、腌制和储存尽可能多的食物上。然而，活鸽子有依靠自身保持新鲜的美好特性，而且与多数鸟类不同，它们不迁徙。大房子里的鸟舍和鸽舍，以及鱼塘、蜂房、兔窝和鹿园是全年新鲜食物的来源。鸽子发挥了第二个也是更为关键的作用：它们能产生肥料。我们可能不喜欢鸽子在

123

---

① 哈德良别墅（Hadrian's Villa），古罗马的大型皇家花园，西方古典园林的典范，世界遗产之一，被誉为"人间伊甸园"。别墅中的鸽子镶嵌画由无数彩色马赛克小方砖组成，描绘了一群鸽子在一只华丽的碗边饮水的情境。—— 编注

废弃的建筑和后巷留下的粪便，但对于一个没有化肥的农业社会来说，鸽子就是奇迹。在化学肥料出现之前，农业上最大的难题是土壤枯竭。农民们使出浑身解数提高作物产量：努力采用轮作、让田地休耕，不放过任何一寸方便翻耕的土地……鸽粪的效力是陆生动物粪便的十倍，因为其含氮量很高，所以鸽舍就像一座金矿——更严格地说，是一座钾、氮和磷矿。伊朗禁食鸽肉，人们养鸽完全是为了给缺氮的瓜类作物提供肥料。即使是现在，饲养乳鸽的人也会通过向有机蔬菜种植者出售鸽粪，来赚取第二份收入。欧洲人喜欢鸽粪带来的农作物增产，但鸽粪的供应却受到严格限制。因此欧洲农民不得不试验不同粪便和灰烬的处理方法，在不同粪便混合物中加入骨头和活贝类等添加物，促使其老化、发酵，使土壤更加肥沃。欧洲大陆一直很难生产足够的食物来跟上人口增长的速度——我们能不能找到其他的鸟粪来源？

答案在西半球。南美洲的农民很早就知道西太平洋有满是海鸟的岛屿，那里有蝙蝠、海鸟和穴居鸟类的大量粪便，有些地方的堆积物厚达数十米。南美洲帝国的人民在与外来文化接触之前，曾去往那些遥远的岛屿，将鸟粪带回大陆，用作他们精心修建的梯田中的肥料，以确保玉米、巧克力和辣椒等关键作物的稳定供应。鸟粪至关重要，印加帝国①会对打扰产粪鸟的人处以死刑。欧洲探险家发现这些优质鸟粪岛的时机可谓恰逢其时。 124

一位渴望冒险和机会的年轻贵族——亚历山大·冯·洪堡（Alexander

① 15世纪至16世纪时位于南美洲的古老帝国，也是前哥伦布时期美洲最大的帝国，其主体民族印加人也是美洲三大文明之一印加文明的缔造者。——译注

von Humboldt）登场了。他出生于富裕的普鲁士家庭，用继承的遗产进行了为期五年的探险，使南美洲的大片土地第一次进入了欧洲人的视野。这个精力充沛的家伙沿着今委内瑞拉和哥伦比亚境内的奥里诺科河逆流而上，发现了这条河流与亚马孙河的交汇之处。在那里，他成为第一个见到电鳗的欧洲人，还差点丧命。① 在厄瓜多尔，他的队伍攀登至距钦博拉索峰不到300米的地方，创下到达海拔5852.16米的世界纪录。冯·洪堡绘制洋流，测量磁场，记录动植物。在秘鲁，他观察到了水星凌日②，也研究鸟粪的特性。他的著作激起了全球鸟粪开采的“淘金热”。很快，大量鸟粪从秘鲁、加勒比海、中太平洋和非洲沿海的岛屿涌入欧洲③，粮食产量实现了前所未有的增长。10多万契约华工在矿区挖掘鸟粪，对南美洲的文化和人口留下了深刻影响。堆积了数千年的鸟粪矿不可避免地被消耗殆尽了。随着全新世的到来，人类驯化了一个有用的物种，并利用该物种的产物，在全球范围内寻找其更优质的来源。这是典型的全新世做法。但最终，随着人口数量的增长，土壤需要更好的养分来源。

125

在我看来，农业向人类世过渡的决定性时刻发生在20世纪初德国突飞猛进的那十年。鸟粪是极好的肥料，因为它含有植物可用的氮、磷和钾。我们可以很容易地开采到磷和钾，但却很难获得对植物有用的

① 他让电鳗电他，以此证明那确实是电鳗。它确实是。

② 当水星运行到太阳和地球之间时，如果三者能连成直线，便会发生“水星凌日”现象。——译注

③ 这些岛屿属于其他人，但这并没有阻碍欧洲人。开采鸟粪的环境和社会影响一直延续至今。

氮。大气中80%是氮原子，但很可惜，它们与其他成分紧密结合在一起。对我们来说，无异于望梅止渴。

弗里茨·哈伯（Fritz Haber）领衔的科学家团队最终解决了从大气中大量提取氮元素的问题。哈伯是一名化学家，他曾在技术学校受训，学习如何解决工业环境中的各种问题。在把注意力转向将大气中的氮转化为氨（一种可被植物利用的形式）之前，他研究了一些实用但不引人注目的问题，比如如何防止煤气和水管被腐蚀。从理论上讲，合成氨的生产问题相当简单，哈伯轻而易举地勾勒出一个理想流程：在极高的温度和压力下，氮气和氢气可以在金属催化剂的作用下混合。

这个过程在理论上似乎很容易，但要找到适合的氢气源、选择合适的催化剂、实现生产过程中所需的高温和高压，都具有挑战性。罗伯特·勒罗西尼奥尔（Robert Le Rossignol）解决了哈伯理论面临的技术难题，整个流程由一位名叫卡尔·博施（Carl Bosch）的年轻工程师把控。到1913年，该团队的工艺已臻完善，这种生产生物可用氮的方法被通称为“哈伯－博施法”（Haber-Bosch process）。博施本人将此归功于数十名科学家，他们的团队合作完善了该过程，这也是首个由科学家和工程师在正式团队中合作解决重大工业问题的案例。哈伯和博施因此获得了诺贝尔奖。①

126

如今，我们每年生产超过4亿吨合成氨肥，所需的天然气原料为其总产量的5%。合成氨肥将农业产量提升了4倍，据估计，这提供了地

① 哈伯－博施法的最早用途之一是为第一次世界大战制造炸药，使德国获得了先手优势。

球上大约一半的热量。现在，农田作物覆盖了地表约14％的土地，如果没有氮、磷、钾化肥，我们不太可能找到足够的土地种植这么多粮食作物。批评者反对使用化肥，认为它们是人造的，会破坏土壤的生态系统。这种说法有一定道理，但在未来的一段时间里，如果要养活全世界，就需要化肥。集约化农业与遗传学、细胞农业的发展相结合，正在创造一个更像科学实验室的农业系统，这种农业系统不再像我们想象中的老式农场。这也许能满足我们不久之后的粮食需求，直到全球人口趋于稳定、农田普遍退化的问题得以解决。

*

127

人类世的农业与之前的一万年有所不同。那人类世中的灭绝现象呢？我们注定要在第六次大灭绝中失去成千上万的物种吗——让我们回到野生旅鸽的消亡。可以说，这的确产生了一种积极影响：有效终结了人们认为美洲大陆取之不尽、用之不竭的想法，激起人类对环保运动的关注。阿利·肖尔格（Arlie Schorger）是深受旅鸽命运影响的人之一，这位化学家后来也成为一名博物学家。1955年，他写了第一部关于单一物种灭绝的著作：《旅鸽：自然史与灭绝》（*The Passenger Pigeon: Its Natural History and Extinction*）。肖尔格收集了鸽子的一手资料，为理解这个几乎影响了整个美洲大陆的谜题奠定了基础。作为奥杜邦学会（Audubon Society）① 教授和董事会成员，他想尽力避免这样的事件再次

① 奥杜邦学会，美国非营利性民间环保组织，成立于1886年，是世界上历史最悠久的民间环保组织。——译注

发生。

但另一本不太知名的奇书可能更有价值：保罗·哈恩（Paul Hahn）的《那种消失的鸟去了哪里？》（*Where Is That Vanished Bird？*），书中记载了1963年幸存的旅鸽样本位置。哈恩是一位多伦多的音乐家、钢琴经销商和鸟类专家，收藏有68只旅鸽标本。他的鸽子和其他类似鸟类标本中包含着19世纪科学家无法想象的东西：一种让旅鸽复活的方法。

无论你是否相信，确实有一座实验室致力于让旅鸽重返天空。与猛犸象和原牛一样，科学家们也在努力复活旅鸽。加州智库“恒今基金会”(Long Now Foundation) 致力于长期战略规划，他们正在资助一个通过基因工程复活该物种的项目。这个不拘一格的组织正在研发一种能用一万年的时钟，努力保护世界上濒临灭绝的语言，当然，也在努力恢复灭绝的物种。这也是我最喜欢的基金会之一，这种好感与他们经营的那家名为“间隔”(Interval) 的酒吧有关，在那里，人们可以边喝烈酒边讨论人类的长远未来。 128

我通过电话联系到了恒今基金会旅鸽项目的首席研究员本·诺瓦克(Ben Novak)。他热情洋溢且知识渊博，帮助我理解了旅鸽灭绝的一个关键问题：鸟类的消失对更广泛的生态系统产生了怎样的影响。本在很小的时候就对旅鸽产生了兴趣，用他的话说，恒今基金会的职位是一份梦寐以求的工作。然而，这肯定不是一项容易的工作。从DNA到活生生的鸟，还有很长的路要走。旅鸽是最近才灭绝的物种，足以让人们从许多遗存的标本（包括可怜的玛莎）中提取可用的DNA，而且它们的“近亲”斑尾鸽依然非常活跃。诺瓦克认为，通过对旅鸽和斑尾鸽进行测序，标记出二者的不同，就有可能通过重建斑尾鸽的突变来对旅鸽实施逆向工程，向构建旅鸽 DNA 的方向更进几步。2017年底，该项目步入正轨。诺瓦克乐观地认为他们能再造旅鸽，并将其重新引入野外。他希望能在2022年之前培育出第一批携带旅鸽性状的鸟。不过，和许多科学研究一样，这取决于资金状况。研究团队面临的一大困难是，他们不想只复育几只旅鸽，而是想重新把鸽群引入野外。

单独的旅鸽个体或许是科学奇迹，而整个鸽群则会给生态系统的恢复带来重要意义。本的关注点在于旅鸽与北美洲森林的互动。他认为，旅鸽的消失严重损害了森林的健康，大量栖息地曾给森林带来不亚于野火的剧变。当我们抑制火势后，空地消失了，死去的动植物聚集在森林的地表，扼杀了新生命的生长。同样，如果没有旅鸽，森林也会停滞、消失。我追问他细节。

129

“听我说，旅鸽是这个生态系统的工程师。它们制造了大规模、反复出现的干扰，为新生命的生长提供了条件。唯一能与之相媲美的就是火，我们也控制住了火灾。没有旅鸽，这个生态系统就变得不那么宜居了。森林已经变样了。”

本还强调，鸟粪在制造生物多样性的关键地区方面发挥了至关重要的作用。农民们也发现，受鸽子干扰的地区格外郁郁葱葱。一旦鸽子离开，被破坏的森林就会焕发出勃勃生机。本强调，鸽子是一个关键物种。鉴于他对森林和鸟类之间的相互作用满怀热情，我看到了一个机会，可以厘清这层关系中的另一个因素。我问他，砍伐森林是否是旅鸽灭绝的重要原因？ 我能帮人类洗脱因“口腹之欲”犯下的罪名吗？

“不，害死它们的是人类的猎捕行为。我们构建过砍伐森林的模型，很明显，这种行为从未严重到要对这一物种的灭绝负责。旅鸽无法在人类的捕食之下生存，灭绝看似只是突然发生的。事实上，鸟类数量可能是持续稳步下降的，但当地的天空都被鸽群笼罩，人们很难察觉到鸟儿数量的减少。”

从四处旅行的猎鸽人，到在市场上为一只旅鸽支付几美分的城市居民，再到洛伦佐·德尔莫尼科的精英主顾，人类和我们自身的口腹之欲几乎完全消灭了旅鸽。本解释说，因为旅鸽总是成群结队出现，人类不会立即注意到鸟儿数量的减少。此外，许多被捕获的旅鸽留下了它们的“配偶”，被留下的另一半不会再次交配。这影响了旅鸽的出生率和家庭模式，导致鸽群中幸存的鸟年纪越来越大。虽然受损的栖息地中似乎仍有大量旅鸽，但栖息地中旅鸽的平均年龄在逐年增加。后来的崩溃似乎来得很突然，当幸存的老鸽开始死亡，种群已经后继无人。 130

本乐观地认为，旅鸽可以重返北美洲的天空。他还强调了复育的潜在好处：健康的森林，美丽的鸽群。但并不是每个人都有他这样的热情。该项目被指责浪费本可用于保护现有物种的稀缺资金，同时受到伦理道德层面的质疑。如果有可能（无论多么困难）逆转灭绝，这会对灭绝概念造成怎样的负面影响？本认为，这样的观点暴露了争议的根本分歧所在。反对者相信，未经破坏的自然与人类之间是有距离的。另一方面，“去灭绝”的概念强调人类与生态系统之间的关系。本的总结陈词说明了这一观点：“我是在狩猎社群中长大的。在我看来，项目最终的成功，是建立起一个能维持有限收成的旅鸽种群。也许这在我的有生之年不会实现，但以后，为什么不可能实现呢？”

复活的旅鸽是大桶中制造的人造汉堡肉饼的额外补充。旅鸽会在22世纪的餐桌大放异彩吗？如果本能够得偿所愿，这种已经消失的标志性鸟类可能会重新出现在菜单上。我也和他一样乐观，尽管对我说，边吃沙拉边看旅鸽在空中翱翔就已经很满足了。

与此同时，我们还能从旅鸽的命运中获得一些启示。与消失的巨型动物群一样，旅鸽需要完整的大型生态系统，它们还有三个弱点：首先，大量集群导致旅鸽极易被捕杀；其次，迁徙的习性使得控制人类的猎杀行为变得更加困难；最后，旅鸽没有被驯化。这些弱点导致它们无法融入现代食物体系。

*

131 如果说人类世有一个鸟类的典型代表，那就是家鸡。任何一个时刻，地球上都有190亿只鸡，其中的大多数都不快乐。全世界的人每天要吃掉1.4亿只鸡。这大约相当于每年消耗500亿只鸡，是食用鸭子数量的20倍，而且鸭子还是唯一可与之匹敌的禽类食物来源。① 我们每年还要吃掉800亿枚鸡蛋。其他蛋类的消耗数量根本无法与之比肩。② 人类食用的大多数鸡肉都是加工后的形式。炸鸡翅、没有味道的鸡胸肉、碎肉做成的鸡块。我们已经把鸡变成了想要大自然提供的那种鸟类——温

① 公平地说，其中一部分是蛋鸡，但它们的肉仍然会以超加工的形式进入我们的食物系统，包括无处不在的鸡块。

② 如果你想知道，确实是先有蛋。爬行动物会下蛋。而且它们比鸡早了几百万年。

驯、肉多、生长迅速。鸡不会自然聚群，但这没关系。我们可以把它们限制在规模适中的群落里。然而，就在一个世纪以前，鸡肉在食物体系中所占的比重还相当小。这种不起眼的丛林禽类是如何征服北美洲菜单的？

鸡的历史十分悠久。人类小规模养鸡的历史至少有7000年，或许长达1万年。鸡是友好的禽类，而且易于管理。它们曾为艺术、科学、烹饪学甚至宗教带来灵感。达尔文在数年撰写《物种起源》的“难产岁月”里研究过鸡，正确认定鸡是丛林中红原鸡（*Gallus gallus*）的后代。红原鸡是产自印度和菲律宾的地栖鸟类，以昆虫、种子和水果为食，夜间会飞到树上睡觉。中国人在公元前5000年就开始养鸡，到公元前300年，埃及人也开始养鸡，还用鸡蛋图案装饰庙宇。他们还开发了一项技术，建造专门的房间，通过调节温度和湿度、每天翻转鸡蛋五次来批量孵化鸡蛋。埃及人小心翼翼地保护着这项技术，埃及也成为第一个大量生产鸡肉的社会。

132

对罗马人来说，鸡肉是美味佳肴。罗马人发明了煎蛋卷，也发明了在烤鸡前将各种馅料填塞进去的方法。他们开始专门喂鸡，使它们增肥，甚至试着用葡萄酒来改善鸡肉的味道。《论烹饪》中有整章关于鸡肉的内容，还有关于鸵鸟、鸽子和孔雀的章节。食谱中最引人注目的一点是对味道的关注，菜肴中大量加入罗盘草、欧当归、胡椒、香菜、无花果、橄榄和芥末等调味料。也许即使在罗马时代，鸡肉也被看作一种相当寡淡的肉。

在中世纪，人们养鸡是为了吃鸡蛋，但随着古代大规模饲养技术的失传，鸡逐渐失宠。直到20世纪，它们还只是扮演着次要角色：在农家院子里觅食，提供少量鸡蛋，偶尔成为一锅汤或周日晚餐的材料。

我一直都很喜欢鸡，这或许可以解释了我吃鸡肉时的不适感。它们聪明又温驯，还能吃害虫。我决定去拜访它们，以便更深入地了解是什么让这种动物如此成功地融入食物体系。为什么现代食物体系的兴起会使旅鸽灭绝，却让鸡的数量急剧增加？

我先去拜访了几只"幸运鸡"。我的一位朋友在附近的农场养了一

133

小群鸡，很快，我就见到了这些美丽亲切的动物。近距离去看，它们像是爬行动物——《侏罗纪公园》(*Jurassic Park*)系列电影中迅猛龙的动作就是以鸡为原型的。我发现它们的行为和轻柔的声音能让我感到平静。十分钟后，我被一群丰满、健康、好奇的小鸡包围了。

"去吧，把它抱起来，"朋友指着坐在我脚边的小鸡说，"如果你从小就养它们，它们真的是很棒的宠物。你只要稍微挠挠它的侧面就行。"

小鸡栖息在我腿上，愉快地咯咯叫着。它们很喜欢交际。然而，这些养尊处优的鸡当然不太可能出现在炖锅里。

但工业化养鸡的现实情况却大相径庭。我设法和一群记者一起参观了当地的一家鸡蛋农场，这座规模庞大的农场每天为附近的温哥华市生产10万枚鸡蛋。进入农场之前，我们必须穿上防护服，这不是为了保护我们，而是为了里面的数万只鸡。2004年，该地区禽流感肆虐，导致1900万只鸡患病死亡或被扑杀，损失惨重。这位负责人下定决心，不能再重蹈覆辙。这次我不能抱这些鸡了。农场内空气温暖，只有一丝鸡的气味。一切都是白色的，干净、平和，安静得出乎意料。我向四周望去，

一只又一只鸡笼被叠成高高的锥形。每只笼子里都有6只鸡，里面鸦雀无声，只有鸡蛋在流水线上移动、从斜面滚落的轻微声响，像一条白色的河流从大楼涌向隔壁的检验大厅。如果我闭上眼睛，根本不会知道房间里有成千上万禽类的头脑。突然，有人掏出手机，开着闪光灯拍了张照片，情况立刻变了。现场爆发出一阵惊慌失措的咯咯声。

农场主看上去很痛苦。当咯咯声平息下来，他悄声说："不要那样做。它们不喜欢亮光。"

参观继续，我们走进分拣室、洗涤室和农场主混合饲料的巨型大厅。134 农场运转的关键是效率：饲料进去，鸡蛋出来。当鸡蛋沿着流水线滚下时，我很容易忘记还有鸡的存在。离开的时候，我带走了几箱鸡蛋，并有了一个大致的了解：我们这样利用鸡，是因为我们可以。而旅鸽灭绝的部分原因是，它们无法在笼中生存。我不认为蛋农是邪恶或有虐待倾向的人。他让鸡和禽舍保持清洁和健康，为顾客提供他们想要的东西：鸡蛋非常便宜，几乎算是免费的。

食物体系背后的驱动力是一个几百年来从未被改变的因素：成本。廉价的食物是现代社会的基石。我们习惯于将收入的一小部分花在食物上——在美国平均约为收入的10%。在19世纪下半叶，这个数值超过50%。曾祖辈的人会对我们如今的富有感到惊讶，但对我们来说，这是正常的，而且在意料之中。廉价食品的承诺支撑着美国的扩张主义。对旅鸽等野生食物的过度捕猎一度养活了饥饿的城市人口。新大陆开始变得富饶。但野生食物储备却一种接一种地被消耗殆尽。牡蛎曾是富人和穷人的主食，但它们在纽约附近的水域消失了。饥饿的工人寻找营养丰富的鱼排，再加上精英食客们用香槟配鱼子酱，重负之下，鲟鱼的数量暴跌。湿地被抽干，河流被堵塞。野生动植物变得稀少。家畜不得不填补这一空白。工业鸡肉生产依赖于批发市场和便捷的运输，但也还需要更多。现代鸡是饲养员、制冷技术、饲料公司和制药公司共同作用下的产物。我们吃旅鸽是因为它们可以免费得到，或者只需花上几便士。我们吃鸡，则是因为人类已经开发出一套系统，尽量用更少的钱把它们端上餐桌。

135

养鸡业的真正突破发生在20世纪20年代，专门的肉鸡品种被开发出来。这些鸡又大又肥，在烤箱里烤制也不会让肉质变干。农场开始在农村地区养鸡，然后把鸡运送到东海岸的大城市。特拉华州的威尔默·斯蒂尔（Wilmer Steele）夫人通常被认为是现代肉鸡工业的创始人，到1926年，她一次能饲养上万只鸡，比起过去为赚取鸡蛋钱而饲养几十只鸡的小规模鸡群，情况已经有了巨大的改观。其中一项关键进展在于合成维生素D的发现，这使得鸡可以被养在不需要阳光的室内。这个系统也发展得更加专业化。饲料生产和孵化企业、加工中心相继开始运营。

如今，大公司与农民签订合同，为他们提供饲料、种鸡甚至设备。这是一个艰难的行业，利润率越来越低，鸡和鸡蛋的价格却已大幅降低。在短短的几个世纪，数以亿计遮天蔽日的野鸽，变成了数以亿计关在笼中永不见天日的鸡。随着养鸡业向新的地区发展，这一系统不断壮大，但我不知道人类是否吸取了教训。人们对工厂化养殖的质疑和担忧与日俱增——比如残酷的过度拥挤——农民在严峻的经济形势下也面临挑战，我们至少可以把自由放养视为一个更好的选择，即使它们成本更高。散养鸡的味道甚至更好一些。但如果大桶里培养出的鸡肉和大桶里的人造汉堡肉饼一样，比工业生产的鸡肉更便宜，那么人造鸡肉也会顺应同样的趋势占领我们的餐盘：因为这样做的成本更低。无论身处哪个时代，在食物问题上，成本就是赢家。

*

是时候再做一顿“灭绝晚餐”了，这一次，丹要坚决控场。一共来了16个人，厨房里一片忙乱。他正忙着煮鹌鹑蛋，做成开胃菜版本的袖珍版班尼迪克蛋①。他还在为这么多客人的食物发愁。 136

“说真的，我们需要做两只吗？我知道可能已经太晚了，还有一大堆准备工作要做，或者一只就够了？”丹问道。他在做“特大啃”(turducken)，一项让兰霍菲尔主厨引以为傲的美食考验。混乱有条不紊地蔓延到桌上、台面上，烤箱的热量辐射到整个房间。

“一只就够了，它够大了，简直大得吓人。这真的只是一只火鸡吗？”

“是一只大火鸡。来帮帮我，把它放进烤箱里。”

我抓住烤盘的一端，努力保持平稳，把它放进烤箱。

“现在就只剩下等待了。”

特大啃是一种烹饪奇观，要把去骨鸡肉塞入去骨鸭中，再将鸭子塞入去骨的火鸡中。这三只“连环套”似的动物紧紧包裹在一起，形成一

① 班尼迪克蛋，美式简易早餐，用水波蛋配上英式松饼、火腿和法式荷兰酱。——编注

个气势磅礴的“肉疙瘩”。特大啃是一种古老技术的现代演绎——这种技术叫“灌胃”，深受历代大厨喜爱：具体做法是把一种动物放进另一种动物的胃里。这样做的工作量几乎大到令人发指的地步。在北美洲以外，这道菜被称为“三鸟烤”，“特大啃”是这种来自美国南部的奇特食物的本地俗称。当这道菜在丹的烤箱里嗞嗞作响时，很显然，我们不会挨饿了。它看起来像一只超大的肉足球。

特大啃已经安全地被送进烤箱，丹开始调制复杂的酱料，准备涂在他复杂的特大啃上。他还没有从之前的素食汉堡中恢复过来，打算为所有人提供禽类美食的终极体验。我感到惊讶，坦率地说，也松了一口气，因为他没找到办法把整个特大啃放进更大的鸟体内，比如鸵鸟。

137

20世纪80年代末，卡津[①]厨师保罗·普吕多姆（Paul Prudhomme）将特大啃推广开来，沿袭了将动物放入其他动物的体内，给晚宴客人带来惊喜的悠久传统。普吕多姆声称自己发明了这道菜，但目前尚无定论。不过，更早的先例比比皆是：早期美食家格里莫德·德·拉·雷尼埃（Grimod de La Reynière）在1807年的美食连载作品《美食家年鉴》（*L'Almanach des gourmands*）中描述过一只塞着火鸡、鹅、野鸡、鸡、鸭、珍珠鸡、鹧鸪、鹌鹑和其他小型鸟类的鸨[②]。第一代塔列朗公爵（Duke of Talleyrand）[③]是一位法国外交官兼业余美食家，他最出名的菜式是把鹌鹑

① 指主要居住在美国路易斯安那州的一个族群，主要由被流放的阿卡迪亚人组成。在路易斯安那定居后，卡津人发展出了生机勃勃的文化，包括独特的风俗、音乐和料理。——译注

② 一种在欧洲旱地地区发现的草原鸟，体重约为20千克。——译注

③ 因为举办过于奢华的晚宴，他一度被父亲剥夺了继承权。——译注

放进鸡里，加上一大把松露，再将这只鸡塞进火鸡里，这种做法在当时的欧洲还是一种新大陆式的新奇事物。这样的菜式不仅出现在欧洲，格陵兰岛的因纽特人也会制作一种腌海雀，在海豹体内塞上数百只海雀，然后足足发酵18个月。

我需要另外一道菜，来与丹的特大啃，以及这种菜式对禽类奢靡而惊人的消耗程度相匹敌。最终，我决定从加拿大的历史中寻找灵感，重点研究一道需要旅鸽的菜——魁北克和阿卡迪亚的“饕餮派”(tourtière)。而今，这种料理主要以碎肉（通常是猪肉）打底，在魁北克的圣诞节和新年期间很流行，也可作为现成餐点，一年四季均有供应。不过这道经典菜肴已经不能重现当年的做法了，因为它起初是用旅鸽肉做的，在魁北克被称为“鸽肉派”(tourte)。这种历史悠久的料理借鉴了中世纪传统，要加入肉桂和丁香。我用碎猪肉代替传统的鸽肉，随意加了些中世纪惯用的香料。厨房里弥漫着热红酒的美妙香气，与从主烤箱飘来的丹那神秘酱料的浓郁香气交织在一起。我们做了些简单的沙拉，配上他可爱的迷你版班尼迪克蛋。客人们冒着雨漫步而来，我们向他们致意。

138

所有人都对这“绝世美味”抱有超高的期待。我们边吃开胃菜边聊天，偷偷瞥着烤箱。丹给每个人的杯子添满酒，偶尔拿着温度计悄悄离开。特大啃烤好后，我们把它搬到最大的枫木砧板上，把整道菜拖到桌子中央。丹露出满意的神色，切开这道大菜。特大啃就像黄油一样奢华。我们沿着填馅把肉剥开，配上蔬菜，蘸上肉汁。聊天的人都安静下来。这是一道需要严肃对待的大菜。

夜幕降临，酒剩得越来越少，人们要求再来一份或三份特大啃。可不知为什么，特大啃依然几乎完整地霸占着餐桌中央。鸭脂让这道菜格外出色，因为它融化并渗透到火鸡肉和鸡肉中。特大啃和饕餮派很搭，但也提醒着我们肉有多腻。我们可以将一种肉放入另一种肉中，但并不意味着我们应该这样做。顶着蒙蒙细雨，我蹒跚着走回家，出了一身汗。我发誓要坚持吃素。是时候将我的美食研究转向植物、转向消失的水果和蔬菜的世界了。

第 三 部

燃烧的图书馆

第八章

梨 王

阑尾破裂的那天，我本来能吃上蔓越莓挞。时值9月中旬，农民们正用大水漫灌第一片蔓越莓沼泽，让成熟的浆果漂浮上来，这样他们就可以从水面上采收蔓越莓。我兴致勃勃地观看，拍照，享受着新鲜空气和当地新鲜出炉的烘焙食品。我的家乡在不列颠哥伦比亚省的低陆平原，那里是世界领先的蔓越莓主产区，每年生产约3375万公斤蔓越莓，约占北美洲总产量的12%，足以配上很多顿火鸡大餐。除了感恩节和圣诞节，我们并不会吃那么多蔓越莓，但干果的市场正在扩大。大多数收成用来制作果汁。这种作物有非常特殊的生长要求，现在的收获是自动化的，但蔓越莓沼泽是个美丽的地方，有水分充足的土壤、植物的味道和蜜蜂的嗡嗡声。我在整理一些关于蔓越莓的备课笔记，想在一年四季都拍些照片。 141

一想到要去农场我就很兴奋，但前一天晚上我睡得并不好。我胃里 142

不舒服，大脑传来阵阵奇怪的刺痛。不过没关系，我只需要一点新鲜空气。就在我合上手机走向门口的时候，腹部传来一阵剧痛，我倒在地板上。

“是蔓越莓挞。”我的声音嘶哑而无助。我翻了个身，按下重拨键，希望上次打电话的人就在附近。是香农，她刚在这条街上完击剑课。她开车赶来，把我塞进车里，毫无怨言地提醒我，去年我出现过敏反应时，也是她把我送到医院。也许我们能找到一个更好的秋季仪式？

那天的事我几乎不记得了。我踉踉跄跄地走进急诊室，几小时后，我的阑尾破裂，幸好医生已经给我注射了抗生素。医生们取出了残破的器官，一连几天，我都无精打采地戳着医院里的食物。出院后，我需要一个安静的地方养病，便回到了家里的农场。我被禁止出门，禁止工作。我被禁足了。

*

淡淡的光洒在床上。我在这所凌乱的老房子里长大，此刻，我能听见母亲正在另一个房间里收拾整理。父亲的脸上带着熟悉的担忧神色（我小时候体弱多病），他在门口站了一会儿，又走到外面的果园里。空气中弥漫着焦木的气味。我浑身浮肿又疲惫，稍一用力血压就会飙升。没有蔓越莓，没有办法思考灭绝的问题，没有挞。但至少我还有网络。

耳边传来一个熟悉的声音。丹拿着一大筐水果摸索着走进我的房间，猫懒洋洋地在它那块毯子上动了动，对着他打了个呵欠。

“路比预计的要远一些。往这边走确实很奇特。非常有趣，希望有利于休养。”

“我知道你不喜欢离开城市。”

“我喜欢野性的自然。这儿能喝到卡布奇诺吗？”

“杂货店旁边那家咖啡馆的咖啡还不错，不过开车过去需要点时间。”

“没关系。泰德给你装了个果篮。他真的很担心，我想他可能有点儿喜欢你。你看起来似乎好些了？”

“啊，泰德那臭名昭著的果篮。”我说着站起身来。

泰德是一位专门研究木材树的植物学家，受美食频道的启发，他正在开展一项异国水果篮的副业。我翻了翻他的最新成果：一些漂亮的安伯露西亚蜜苹果、一串奇形怪状的手指葡萄、一把毛茸茸的红毛丹、一些丑橘、一只木瓜，还有一堆……嗯……

“这些是什么？”我小心翼翼地拿起一簇带尖的椭圆形水果。它们是棕色的，有李子大小，质感坚韧，闻起来有浓烈的荔枝和蓝纹奶酪的味道。丹从篮子里摸出一张小卡片，酷似巧克力礼盒里的分类说明，上面有每种水果的缩略图和介绍。

“蛇皮果。名字倒很恰当，它的表皮真的有点像蛇。要尝尝吗？”

“这真的是水果，对吧？不是装饰品？”

丹耸耸肩。我们慢慢剥开那层类似爬行动物皮肤的外壳，露出一颗半透明的果冻状果实，形如蒜瓣。它尝起来有番石榴和梨的味道，或许还带点荔枝味，而且非常多汁。这种水果的果核很大，果肉很容易与果核脱开。我的嘴里充满了挥之不去的涩味。房间里弥漫着一丝洋葱的味道。

144

“我想我得吃点更温和的东西。该吃什么好呢？”我把篮子翻了个遍，发现另一边藏着几只熟透的西洋梨。西洋梨是世界上最受欢迎的梨之一，以黄油般的果肉和均匀的大小而闻名于世。在我房间的窗外，父亲种的西洋梨已经成熟，挂在弯曲的枝头，就像它们挂在世界各地无数这类梨树上一样。我咬了一大口，一种熟悉的满足感涌上心头。

我一边开心地嚼着梨，一边在谷歌搜索蛇皮果。它也被称为“salak”，是一种印度尼西亚当地棕榈树的果实。蛇皮果和梨。一个充满异国情调，一个是我所熟悉的。我当即决定，把梨作为我的下一个关注点。这是一个很好的视角，它可以帮助我们理解地区性食物体系向工业体系的转变，以及在这一过程中人类失去了什么。与过往岁月相比，我们一年四季都能吃到更多样的食物，但食物物种的多样性却在迅速下降。梨曾有上千个品种，但现在常见的只有十几种左右。在蛇皮果可以出现在我床头柜上的时代，过去的梨都去了哪里？

阳光温煦，我昏昏欲睡。丹在房间里踱来踱去，急着要出去找老鼠之类的东西。

“如果你知道去哪儿找的话，峡谷里有只臭鼬。要是你想吃东西，我爸妈会给你做的。”

他眼睛一亮。“我喜欢臭鼬。也许它有个窝。我还可以吃顿便饭。”

*

我们几乎完全依赖于植物。植物沐浴在阳光下，获取能量，然后通过食物链到达我们的餐桌。我们赖以生存的许多植物都出现在白垩纪末期。大灭绝之后，巨型蕨类植物消失，为草原和被子植物腾出空间，被子植物和树木迅速统治了这颗备受摧残的星球。阔叶林枝繁叶茂，树上结满了形状各异、大大小小的果实。 145

水果决定了我们。我们的视力变得敏锐，能分辨成熟水果的颜色；我们的双手变得灵巧，能采摘水果；我们的身体也适应了糖分带来的快速能量冲击。饮食模式上，我们成了“杂食者”。没有一种植物能提供人类所需的全部氨基酸，因此我们学会了遍尝果实、根茎和叶。大自然成了人类的自助餐桌。大约200万年前，祖先直立人发现了火，这让我们得以释放根、块茎和根茎中的热量，也让我们得以骗过周围植物的化学防御①。热可以分解毒素和毒质，减少胃部不适。我们甚至学会了欣赏植物的某些防御机制，寻找辛辣和不寻常的植物，以及那些能影响意识的植物。人类是旧石器时代的生物，如今的饮食仍然是祖先身边那些巨型动物群和丰富果蔬的遥远回音。

正如驯化界定了人类与巨型动物群的关系，农业也界定了人类与植物的关系。农业是新石器时代革命的基石。大约一万年前，农耕在新月沃土②、美索不达米亚低地和中国长江流域兴起。其他农耕社会——包括太平洋岛民和中美洲人也在几千年后发展出自己的农耕技术。

在全球范围内，人类的农耕技术各不相同。但归根结底，农业就是

① 指借助于分泌有毒的或难闻的化学物质达到防御目的。——译注

② 指西亚、北非地区两河流域及附近一连串肥沃的土地，由于分布地带在地图上就像一弯新月而得名。——译注

扰乱生态系统并控制其结果。这一切是逐渐开始的——起初，人类只是简单地将我们不想要的植物从有用的食用物种斑块中移除，鼓励已经得到控制的有用野生植物生长。我们学会了用火来清理地块，促使在自然干扰后出现的珍贵物种生存下来，经常定期烧荒。之后，人类开始将植物从一个地方移到另一个地方，在受干扰的地面上播种，以扩大新的地块。最终，我们开始保留最好的植物种子，重新播种，有时还会把种子带到很远的地方。

146

作为种子的保存者，人类可以加快自然进化的进程。我们挑选一些单株植物的种子，保留其中味道最好、生命力最旺盛的种子。我们浇灌自己最喜欢的植物，几个世纪后，开始将自然水源引入田地灌溉。人类驯化动物用于耕作，还学会了用驱逐、诱捕和清除的方式控制害虫。在耕作的过程中，人们注意到劳作会使土壤变得贫瘠，便开始让田地“休息”一年。人类也开始添加粪便作为肥料，尽管我们并不清楚自己在做什么。我们发现，一些覆盖作物①能改善土壤健康，而一些特殊物质，比如石灰，能促进某些作物生长。人类推进遗传学实验，分离出理想的植物，并鼓励它们相互杂交，以增强这些受人喜爱的性状。最终，如前所述，我们发展出合成肥料的能力，并研制出杀死杂草和害虫的化学物质。人类种植了大量单一作物，以最大限度地提高单个品种的产量。几千年后的今天，我们已经学会了在室内种植植物、养殖动物，还可以从基因层面对物种进行调整。

---

① 覆盖作物是种植在休耕地里的非粮食作物，以保护土壤免受侵蚀、改善土壤状况。我们现在知道，其中许多作物天然就能将氮固定在土壤中。

我毕生都在研究农业，上面这段话总结了一万年来人类最重要的活动。剩下的都是细微差别。农业始终是一门关于如何管理被干扰的土地的学科。 147

人类慎重地选择作物，因为它们既代表着巨大的时间和精力投入，也意味着巨大的风险，而且如果收成不好，可能会导致饥饿和死亡。经过多次驯化的植物，其果实和种子易于储存，也可以在漫长的季节里收获叶子。回想一下，人类只吃过约30万种植物中的一小部分。驯化植物很难。在现代技术出现之前，人们要花几百年的时间才能把一种植物驯化成可口的食物。野生胡萝卜又硬又苦。瓜类的内部大部分都是种子和空洞。梨子又硬又牙碜。我们小心翼翼地挑选在当地微气候条件下生长得最好的植物，保留每一代最好的种子，提供理想性状的偶然突变。在几千年的时间里驯化几百种植物是极其艰苦的工作。

这场革命把我们从猎鸽人变成工业化养鸡者，也颠覆了数千年的农业实践。最大的颠覆来自化肥的发展，此外还有运输、灌溉、制冷和机械化方面的巨大改进。在全球运输发展起来之前，水果和蔬菜都只是季节性的。人类通过鼓励种植不同期成熟的作物品种、使用温室等保护措施，来扩大新鲜水果和蔬菜的供应量。人们还为每种作物精心开发了保存方法：盐渍、脱水、制作罐头、窖藏。每个地区都尽可能多地产出作物品类，以确保供应。

全球运输的兴起创造了无尽的夏天。当人们全年都可以进口产品，我们便可以集中精力，在本地种植产量最高、最适合运输的作物。其中的一部分留给自己，但绝大多数收成是为了通过出口获取经济利益。这 148

在某种程度上是一件好事，因为全球性的饥饿已经得到缓解，食品价格也大幅下降。但这种转变的意外后果是食物物种的大规模灭绝。

为了确切理解人类在追求高效、统一的农业生产过程中失去了什么，我们需要温习一些术语。植物物种有几种不同的细分方式，但就我们的目的而言，“物种”（species）是生物分类的基本单位，被定义为两个单体能繁殖可育后代的最大生物群。不过，当涉及作物物种时，我们需要做出更精细的区分。毕竟，卷心菜、西蓝花、花椰菜、抱子甘蓝和羽衣甘蓝都属于同一物种：甘蓝。在植物学中，我们按“品种”（variety）来划分物种，这一正规定义常与其他农业术语相混淆。不同品种在外观上各不相同，但可以相互自由杂交。更让人困惑的是，“品种”一词在植物法领域也具有法律地位，旨在为植物育种者及特定产品提供版权保护。

关于可烹制品种的正确术语是“栽培种”（cultivar），指根据繁殖期内可保持的所需特性而选育的植物。它是作物最基本的分类，应该用来代替“品种”一词。这个词本身就体现了人类的能动性。经过几百年的操作和选择，培育出的栽培种更适合人类的需要。栽培种必须具有独特性、统一性和稳定性，需人为干涉才能持续存在下去。

149 栽培种的名称常附在物种名称之后，许多农作物都像这样有三重名称。例如，西蓝花被归为甘蓝种的花茎甘蓝栽培种。我从泰德的篮子里拿出的梨被称为“威廉斯西洋梨”（西洋梨起初被称为“威廉斯梨”，这会在后文进一步解释）。栽培种的概念可追溯至公元前4世纪的希腊哲学家、植物学之父泰奥弗拉斯多。他认识到，当人类从每一代中挑选出最好的植物，就创造出了不同的生物类别。我们现在使用的这个词是1923年园艺家利伯蒂·海德·贝利（Liberty Hyde Bailey）于康奈尔大学创造的。他认为“品种”这个词太过草率，想找到一个更精确的词汇。“栽培种”是“栽培”和“品种”的合成词，这也是农业的基石。当你把一株并非直接来自野外的植物放进嘴里时，你吃的就是一个栽培种。

进一步的区分有助于我们理解小规模地方性生产与更大的全球农业系统之间的本质区别。栽培种可分为两大类：地方品种（landrace）和杂交种（hybrid）。

地方品种是植物物种经过驯化得到的传统栽培种，它们随时间的推移演化而来，已经适应了在地的自然和文化农业环境，与该物种的其他种群隔离开来。第一章中提到的冰岛奶牛就属于地方品种，但它们是动物而非植物，所以我们以“品种”而非“栽培种”呼之。地方品种在个体间具有广泛的遗传多样性，但同时也具有独特性和可识别性，随着时间的推移，它们逐渐适应了在地的气候和病虫害。根据定义，它们与特定的地理区域相联系，支撑着众多烹饪传统。

150

相较之下，杂交种是不同品质的栽培种甚或不同物种有意结合的结果，以创生出人类所需的遗传效应。团生菜，俗称卷心莴苣，就是这样的栽培种。自19世纪90年代起，它经过数十年的培育，最大限度地提高了脆度和种植密度。这是协同努力的结果，但就像人类的孩子一样，杂交后代可能表现出亲本身上并不占优势的特征。我们最好的一些栽培种是偶然突变的结果，比如六棱大麦要优于二棱大麦。

随着人类积极创造具有理想特征的新杂交种，种群之间的杂交能力不断增强。但这也可能适得其反。花粉可以在农场之间传播，可繁殖的杂交种可能会盖过附近的本地亲本物种，导致亲本物种，尤其是地方品种灭绝。人类对杂交的依赖削弱了遗传多样性，因为杂交种的基因构成一般差别不大。

个别产量巨大的杂交种几乎在每个作物类别中都占据了主导地位，结果是无数栽培种，特别是地方品种都已经消失殆尽。我们的所作所为从本质上说是：人类已经开发出极为高产、能在广泛地区蓬勃生长的杂交栽培种，再利用高效的运输系统将其出口到世界各地。这些栽培种的繁殖能力很强、传播范围广泛，取代了当地的地方品种。然而，地方品种历经两千年的艰苦努力才得以创生，工业化农业实践却只花了一个世纪左右的时间就摧毁了它们。想象一下，这本是一座“口味”繁多的图书馆，在过去的一个世纪里，人类一直在不计后果地烧毁其中的所有书籍。

我不想粉饰这件事。在水果和蔬菜方面，一百年前多种多样的品种 151 现在只剩下了一小部分。人类已经失去了90％到95％有名称的蔬菜栽培种，以及80％到90％的水果栽培种。这种破坏极大地限制了我们能在餐桌上看到的食物。如果我们将现代栽培种名录与1903年美国农业部可用种子总名录相比较，会发现人类已经失去了97％的芦笋栽培种，当时所有可用的西蓝花栽培种，93％的胡萝卜栽培种，90％的玉米栽培种，95％的黄瓜、洋葱和萝卜栽培种。的确，或许我们并不需要463种不同的萝卜，但有些消失的萝卜可能很有趣，而且当时它们也确实很有价值。生菜品种从500种减少到36种。因为很多人都在自家花园里种西红柿，所以它们的表现要稍好一些，但其栽培种仍然减少了80%。白菜栽培种从500种骤降至28种，86%的苹果栽培种消失了，同时消失的还有87%的梨栽培种。与一个世纪前相比，我们的菜园看起来光秃秃的。

世界上其他地区的损失不那么明显，但同样令人不安。意大利曾拥有8000种不同的水果栽培种，现在只剩下2000种，其中1500种面临灭绝。英国至今仍有200种醋栗栽培种，但在19世纪初的“醋栗热”期间，俱乐部里衣冠楚楚的贵族们聚在一起，交换扦插枝条，讨论着醋栗的新口味。那时醋栗有700多种，有黄色、白色、蓝色、黑色、带条纹的，还有我们更为熟悉的绿色和红色的品种①。

考虑到这些损失，以及对食物多样性的重视，我们不得不思考是什么原因导致我们抛弃了这么多栽培种。这种损失在很大程度上可归咎于本地季节性生产向全球食物体系的转变。纵观人类历史长河，几乎所有文明都种植出适合当地条件的地方品种。因为植物是在一年中固定时间成熟、结果，我们还必须确保种植的各种地方品种成熟的时间不同。每一种微气候都需要略有差异的栽培种，以便在尽可能长的时间内提供收成。以梨为例，本地栽培种的结果时间纵跨初夏至仲冬。我们吃的是应季梨，但可以利用栽培种和巧妙的保存方法延长梨的应季时限。我们有充分的理由不再照搬这套体系，但需要承认已经失去了什么。 152

① 我喜欢想象戴着高礼帽的勋爵们拿着小银铲子，爱不释手地检查他们的最新发现，尽管我已经记不起自己上次吃到真正的醋栗是什么时候的事情了。

*

梨是我最喜欢的水果。我喜欢当季的第一批梨，喜欢烤梨片配甜燕麦，喜欢有时出现在市场上的小塞克尔梨，喜欢熟透的梨那完美的状态，喜欢梨能整年储存的巧妙技术。每年我都会做梨子冻，在寒冷的冬夜，也会把切成两半的梨肉放进瓶中，倒上梨汁，配一点奶油加热。某个冬天，我在纽约的“罗斯和女儿们”餐厅吃蜜饯梨，那是下东区最棒的开胃菜餐厅之一。店里最著名的菜式是熏鲑鱼，但我更喜欢他们用煮沸的糖水保存水果的做法，这种方法是14世纪阿拉伯人的发明。我吃了黏腻而甜蜜的水果和一点冰淇淋。

水果是人类第一次禁忌之爱，它是为诱惑人类而存在。所有结实物种的未来都取决于欲望。果树是有性植物，这一事实在第一次广为人知时引发了丑闻。《圣经》认为植物的生命是贞洁的，明确提出了“同类生同类”的概念，正如使徒保罗在《加拉太书》第六章第七节所说：“人种的是什么，收的也是什么。”然而大多数园丁都知道，事实并非如此。我想保罗从没遇到过从他的堆肥堆里长出来的神秘南瓜。果实起初的形态是花，有雄性，也有雌性。卡尔·林奈将花描述为无数女人与同一个男人同床共枕，可以想象，这一观点显然无法获得文明社会的认可。同样不受教会欢迎的是德国植物学家鲁道夫·卡梅拉留斯（Rudolf Camerarius）于1694年发表的文章，题目尤为刺眼——《关于植物生殖》(*Letter on Plant Sex*)，描述了他的谷物生殖的实验。19世纪50年代，奥斯定会[1]修士格雷戈尔·孟德尔（Gregor Mendel）在有围墙的花园里对豌豆进行实验，也得出了类似的结论。他精确地描绘了后代如何表达亲本性状，并发现了显性和隐性基因。实际上，果实就是植物的卵，准备孵化成新的东西。无论何时，当约8万种可食用结实物种中有一种产生后代，我们就能得到无限接近亲本植物的东西，或者突变、杂交可能带来惊喜。人类有时会旁观这个过程，有时则会积极协助。有句古老的威尔士谚语很好地总结了水果的生殖魔力：藏在苹果中心的一粒种子就是一座隐形的果园。

想一想梨。西洋梨是最古老的温带水果之一，原产地在亚欧贸易路线的东端。再回想一下罗马帝国边疆的流沙。天山是狮鹫传说的源头，也可能是梨的发源地。天山上有充足的水源和丰富的野生水果，是许多温带水果的发源地，包括梨、苹果、桃和柑橘，以及核果扁桃，它的种子就是我们所熟知的杏仁。天山山脉是许多食物物种的源头，那里也极有可能是伊甸园故事的发源地。在早期旅行者眼中，茂密的森林和丰沛的水域一定像超脱凡尘的彼岸仙境。奇异的果实成堆落在地上，每棵树的果实都略有不同。西柚大小的苹果、红色果肉的苹果、核桃大小的苹果。当然还有梨。旅行者总在寻找有价值的东西，为自己和马匹收集最好的果实。以梨为例，这种水果分别向东西两路传到了中国中原地区和欧洲。几千年后，天山的水果占领了我们的商店，只因为这些水果的祖先生长在适宜的地方。 154

---

① 遵行《圣奥斯定会规》生活的男女修会的总称。——译注

在古代，梨就因其风味和质地而备受重视，在欧洲和中国都曾被驯化。现如今，梨是第五大水果作物，这在一定程度上要感谢那些早期旅行者。目前已知的野生梨种有23种，分为两大类：细长的欧洲梨和圆脆的亚洲梨。它们同属蔷薇科，蔷薇科包含了数千种属，包括温带水果①——它们需要温暖且光照充足的夏天和寒冷的冬天来诱发植物冬眠，才能在春天出芽、开花。梨花闻起来不像蔷薇，但如果你闻过苹果花的香味，就能清晰地感觉到二者之间的亲缘属性。梨是一种更耐寒的水果，能很好地抵御病害和恶劣的环境。这些高大的长圆形树木分布在南北半球的温带地区，在远离天山的地方茁壮生长。

早期人类在能找到果实的地方采集水果，当人类有了固定的定居点，就开始有目的地种植、改良水果。人类早期种植的水果包括芒果和番荔枝，但我们很快就实现了种植多样化，种了梨和苹果等其他多汁的甜味水果，香蕉等淀粉含量高的水果，以及牛油果、椰子等油性水果。到了旧石器时代，梨已经离开了它的山区家园，在阳光充足的岩石坡上肆意生长。人类真正把梨带到了世界各地。在新石器时代早期的田野边缘，灌木丛中被丢弃的梨核长出矮树，有些梨树品种仍然与它们的野生祖先非常相似，比如欧洲雪梨——这种水果是制作梨酒②的关键，粗糙的果核提供了酒中至关重要的苦涩滋味。西洋梨首次被驯化大约是在2500年前，从此加入了橄榄、枣、石榴和葡萄等早期水果的行列。不过，

155

---

① 蔷薇科植物中任何有果核、种子和果肉的水果。

② 一种梨子果酒。基本上，如果人类能将某些东西发酵成酒，他们就会这样做，而且会一直这样做。

早在新石器时代的堆肥堆中就有野生梨现身，在公元前2000年左右的书面记载中也曾提到梨。如今的伊朗地区曾大量种植过梨。在欧亚大陆的另一端，果肉爽脆、形状圆润的亚洲梨与葡萄、芝麻、豌豆、洋葱、香菜和黄瓜一起通过丝绸之路，在公元前1000年的长江流域茁壮生长起来。亚洲梨和欧洲梨仍可杂交，其产物是中国香梨，这种长圆形的梨果个头较小，带有它中国“父母”的浓郁香气。

我们如今所知的欧洲梨，最初出现在希腊地区，是那里的主要水果。希腊南部曾被称为阿皮亚（Apia），也就是“梨地”，梨在当地曾被视为高贵的食物。早期的希腊果园主通过挖出根芽或将树枝弯折到地里的方式来繁殖新树。荷马（Homer）将梨称为来自众神的礼物，希腊人接受了这份礼物，还第一次尝试培育这种水果，提高果实的品质。希腊学者泰奥弗拉斯多在公元前320年写过与梨有关的文章，他认为不同种属的梨应该有不同的名字，而且栽培种的梨表现出了与野生梨不同的性状。他为三个品种的梨命名，开启了通过颜色、季节和风味等特征为梨命名的悠久传统。

156

到公元前400年，嫁接产生无性繁殖个体的技术出现，这项技术在罗马得到完善，并且沿用至今。嫁接是指从一棵树上砍下一根小枝，把它拼接到另一棵树上，使活的形成层相接。“伤口”愈合后，新的小枝就会生长出来。这些技术是必要的——每个梨的每粒种子都能创造出一棵独一无二的树。如果人们找到了一棵优质梨树，在原树50年的寿命之后，延续变异的唯一方法就是创造一棵完全相同的复制品①。生活

① 对于某些作物来说，这一点被发挥到了极致。几乎所有的商业香蕉都来自一株植物的相同无性系品种。因此，如果你在吃午餐时有一种似曾相识感，这种感觉是有理由的。

在公元前200年的历史学家和政治家老加图（Cato the Elder）描述了梨树的繁殖、嫁接、修剪和护理，并对梨的6个栽培种进行了编录。几个世纪后，罗马果园主至少种植了40个栽培种。他们的产品需求量越来越大。

罗马人很喜欢梨。当时的梨和现在的梨不一样。它们更紧实，口感更沙。为解决这个问题，罗马人把梨放在葡萄酒和蜂蜜中长时间烹煮，用这种方法煮出的梨至今仍然诱人。富有的精英阶层吃掉最好的梨，剩下的收成全部被晒干。穷人甚至把梨磨成粉，与面粉混合在一起。罗马的梨比如今的品种更小更硬，但仍然很受欢迎，被带到了帝国的每个角落。在镶嵌画和其他保存下来的罗马艺术作品中，都曾出现这种水果赏心悦目的造型。它们生长在宏伟别墅的花园里，一般沿着装饰性水道排列。在整个古代世界，果树都受到高度重视，一些社会严令禁止摧毁果树，即使在战争时期也是如此。例如，巴比伦的《汉穆拉比法典》规定，毁坏果园里的一棵树，罚款半迈纳白银，相当于约9金衡盎司的金属①。果园被视为特殊的所在，难怪“天堂”一词来自古波斯语“Pairi-deaza”，意为用围墙围起来的果树。

157

梨是一种复杂的水果。几个世纪以来，我们一直抱怨梨的成熟窗口期短得令人沮丧，享用梨果要靠一定的技巧和猜测。在树上挂果的梨会从里到外腐烂，所以人们必须要采摘那些略微发青的果实。采摘时，你

① 在撰写本文时，相当于约320美元。[编按：迈纳（mina），古代两河流域白银的主要计重单位，1迈纳白银折算成今天的重量约为480克。金衡盎司（troy ounces），英制质量单位，1金衡盎司约等于0.031千克或31.10克。]

必须轻轻向上抬，如果果实从梨柄上脱落，就说明梨子已经成熟了。但要注意，这时的梨还不能吃，只是可以采摘了。然后，梨会慢慢成熟，如果将梨子轻轻堆叠在一起，成熟的速度会更快（梨会释放乙烯，加速果实成熟）。似乎要过很久之后，坚硬的果肉才会变成黄油质地，香气四溢——在我看来，它们这时就是完美的代名词。只需一天，它们就会变成堆肥。这种魔力，这个转瞬即逝的瞬间，使梨成为一种高贵的水果，一种值得千古传诵的稀世美味。

罗马人继续着改良梨种的漫长过程，也不放过每一个享用梨子的时机。他们的聚会①以当地种植的食物作物为主，梨在其中扮演了重要角色。在庞贝城，有一幅镶嵌画上画着一棵结满果实的梨树，城墙内长着成片的梨树，水果市场就在不远处。到公元1世纪的普林尼时代，共有35个栽培种投入生产，其中包括以颜色［如“紫梨”（Purpurea）］或香气［如“没药”（Myrappia）］命名的品种，和以季节命名的品种（如与大麦同期成熟的“麦梨”）。罗马人也开始大量生产梨酒和梨醋。他们对梨园里的蜜蜂酿造的蜂蜜珍视异常，因为这样的蜜带有淡淡的果香②。他们还把梨苗运到边疆，让它们在那里生根发芽，这些梨树活得比崇拜它们的帝国还要长久。 158

梨在罗马帝国衰亡后兴起，成为欧洲水果之王。《梨之书》（*The Book of Pears*）的作者琼·摩根（Joan Morgan）称梨是最令人兴奋的树果，因为它们的果肉如奶油般细腻，香气馥郁，这些特征都在文艺复兴

---

① 原文为 convivium，意为美食盛宴。——编注

② 罗马的医生还将梨子作为治疗腹泻的处方。

时期越发明显。中世纪的梨大多是质地坚硬的冬季品种，由罗马梨发展而来，最好经厨房炭火烘烤后食用。但梨在英国和法国等气候凉爽的地区蓬勃生长，并通过与有亲缘关系的欧洲野生物种杂交，得到了进一步的改良。法国和比利时开发了一些世界上最著名的品种，包括博斯克梨（Bosc）和安久梨（Anjou），这些梨至今仍然在市场上有售，也证明其育种者技术之高。

随着梨的育种技术越来越普及，人们开始痴迷于一种特别的口感：黄油口感。大多数梨的口感仍然很沙，但育种者们开始致力于培育一种可以用刀抹开的梨肉质地。

梨的栽培种数量激增，果肉细腻的新品种远远多于口感较硬的栽培种，使梨逐渐从烹饪水果转变为食用水果。到17世纪，梨有了三个明确的类别：用于烹饪的（沙质、脆硬的），用于制作果酒的（苦涩的）159 和直接入口的（香软的）。有权有势的人迷恋餐桌上的梨，这种迷恋逐渐演变成一种狂热。无论是城堡还是修道院都开辟了大片果园。在意大利，一种搭配水果和奶酪的新菜式被加入到正餐中，这种梨子风味突出的菜式至今仍然广受欢迎。关于梨的科学研究取得了进展。德国植物学家瓦勒留斯·科尔杜斯（Valerius Cordus）制定了一套正式的体系，通过形状、颜色和其他特征来区分梨。他还开启了为水果绘制素描草图的悠久传统。科尔杜斯对大约50个栽培种进行了分类，这个数字也将变得更加庞大。在法国，有史以来最奢华的宫廷之一出现了一位对水果极为痴迷的国王，他的一项使命是：一年中的每一天都要吃一颗新鲜的梨。

*

波旁王朝的“太阳王”路易十四是“君权神授”的拥护者，缔造了统一的中央集权制法国，同时也是梨的狂热爱好者。作为完完全全的最高统治者，他认为，要求在任何季节都能吃到一颗完全成熟的梨，完全没有丝毫不合理之处。幸运的是，园艺大师让－巴蒂斯特·德·拉·昆蒂尼（Jean-Baptiste de La Quintinie）可能是法国唯一一位比国王更痴迷于梨子的人。为了向宫廷提供水果，德·拉·昆蒂尼在凡尔赛宫建造了150余亩的果园，这需要排干沼泽地里的水，并从萨托里山（Satory hills）运来优质土壤。“国王菜园”（Potager du roi）的大园地里种满了梨，德·拉·昆蒂尼用石墙营造微气候来延长时令。他史无前例地收集了500个梨的栽培种，但却不情愿地承认，只有约30种具有受到国王、宫廷喜爱和育种者赞美的黄油质地。他努力提升这种顺滑的口感，他的梨树所引发的热潮，就像荷兰的郁金香热一样。国王可能从来都没能每天吃到一颗完美的梨，但他非常热爱果园，德·拉·昆蒂尼甚至会教他如何修剪梨树。有时游客们会惊恐地发现法国国王正忙着修剪梨树。德·拉·昆蒂尼从未丧失对梨的热爱，他说：“必须承认，在这里的所有水果中，大自然没有展示出比梨更美丽、更高贵的食物。梨才是餐桌上最伟大的荣耀。”

160

从凡尔赛宫的果蔬园到其他豪宅的花园，各种各样的梨遍及整个欧洲。巴黎等城市周边的商品菜园种植的是凡尔赛宫式的梨树，这些树已经被驯化，紧贴着菜园的围墙生长，成为一种占用空间很少的宝贵作物。来自各行各业的人花了数年时间试验新的栽培种，它们虽然难以捉摸，却具有令贵族们珍视的口感。在这种疯狂育种和实验的环境中，一位足可挑战德·拉·昆蒂尼和国王本人、荣膺有史以来“梨痴”之最的果园主出现了。他的名字是让·巴蒂斯特·范·蒙斯（Jean Baptiste Van Mons），如今被称为“梨界爱迪生”①。

1765年，让·巴蒂斯特·范·蒙斯出生于布鲁塞尔，他是一名物理学家、化学家、植物学家、园艺学家和果树学家。他早年渴望从政，但缺乏在大革命时期动荡的法国政坛发迹和生存的敏锐嗅觉。1790年，他因叛国罪被捕，在黑暗潮湿的牢房里关了三个月后，他觉得精神生活可能更适合他。他后来成为历史上最高产的梨育种家，开发出40个优良栽培种，包括博斯克梨和安久梨。他大范围分享自己的方法，将扦插条出口到世界的各个角落。他的成功源于选择性培育和耐心。方法简单又集约化：“播种，播种，再播种，再播种，永远播种下去，总之，除了播种什么都不做，这是我们要奉行的做法，也是我们不能偏离的做法。总之，这就是我所创造的艺术的全部秘密。”

161

范·蒙斯是最早注意到培育树种重在纳入多样化基因选择的育种家之一。他注意到，古老的经典树种在质量和活力方面逐年下降，这表明每个物种都有其寿命。通过反复试验，他发现可以通过注入野生品种来提升栽培种的有效性。现在我们知道这并不完全正确。他观察到了无性

---

① 严格说来，爱迪生应该被称为电力界的范·蒙斯，因为他出生较晚。但历史并非总是公平的。

系品种易受病虫害影响的弱点，而野生抗性育种提供了植株急需的免疫力。为收集他的约40棵“明星树”，范·蒙斯培育并命名了800多棵梨树苗，这一记录也归功于他辉煌的副业——他是历史上最大的“盗梨贼”之一。他贪婪地收集树木，高价购买珍贵栽培种主人手里的树苗。如果遭到拒绝，他就会带着手下连夜回来，偷走整棵梨树。作为知名教授，他成了这一行的名人，他的新品种引发了一波又一波的梨树热。这股热潮在英国和美国达到了新高度。

不难理解为什么每个人都对梨如此着迷，为什么梨开始成为上流社会优雅的象征。它们被形容为空灵的象征，成为礼赠佳品，有时需求量庞大。作为欲望的象征，恋人们也会交换梨子。圣诞颂歌《圣诞节的十二天》中“梨树上的鹧鸪”① 这样的歌词，便是这种愿望的终极表达，尽管它对送礼者和收礼者来说都是一个不太方便的礼物。许多伟大的收 162 藏被毁于法国大革命期间，但英国的修道院和大宅仍在继续种植新的梨树品种，商人阶层开始种植所谓的“嫁接梨园”（impyards），果园里的梨树都是用种子培育而成的，这些种子可能有用，也可能没用。种梨就像买彩票。种出来的树可能很差，也可能很好。嫁接梨被用作果酒榨汁的原料，太苦太硬、难以下咽的梨促进了果酒的复兴。

19世纪，梨栽培种的数量激增。随着铁路交通更加便捷，梨树栽培种交易成为人们的一大爱好，热情高涨的果园主们命名了数千个新品种，这其中既有果农、牧师、律师，也有贵族。一些种梨者成了当地的

---

① 这首歌唱的是从12月25日到1月5日的圣诞节期间，“我的真爱”为“我”送上各种圣诞礼物，“梨树上的鹧鸪”是第一天送的礼物。——编注

名人。伦敦园艺协会成为重要的记录保存者，负责品尝和记录有前途的新品种。1816年，他们得到了有史以来最受欢迎的梨：威廉斯梨，它很快被重新命名为“西洋梨”（Bartlett），还有了自己的水果肖像。在果园主们努力区分不断增加的栽培种时，水果肖像画的技艺随之发展起来。水果画册成为一种流行的装饰品，此外，把引人注目的水果肖像装裱展示成为风靡一时的新趋势。西洋梨这个新栽培种被运往北美洲。

在新大陆，梨找到了理想的家园。美洲殖民地肥沃的土壤和寒冷的冬季催生了一波新梨种。由于人口增长速度超过了果园的建设速度，北美洲经历了几次水果短缺，人们试图将大量新品种带到新世界。波士顿成了“美国制造”梨果的热点中心。人们依然在寻找理想的梨：没有颗粒感，口感像奶油或黄油。商人和律师在他们的郊区农场种植梨子，与来自欧洲的栽培种杂交。波士顿的精英们纷纷加入品尝会。马萨诸塞州园艺协会的会员们会在品尝水果的过程中进行社交、交换小道消息。该协会每年都会举办一次展览，到1852年为止，共展出了310种不同的梨。最优质的梨会成为人们谈论、欣赏的焦点，还能卖个好价钱。亨利·戴维·梭罗（Henry David Thoreau）写道：“它们以皇帝、国王、王后、公爵和公爵夫人的名字命名。恐怕得等到以美国名字命名的梨子出现，共和党人才能吃到它。”

163

我们在探索旅鸽时提到的肉贩托马斯·德·沃的作品，其中同样反映了人们对梨的疯狂。他讨论了许多梨的栽培种，指出只有少数几种价格很高。他漫步在东海岸的大型市场，描述了西洋梨、世纪梨（Doyennes）、糖水梨（Sugar Pears）、布拉德古德梨（Bloodgood）、白兰地梨（Brandywine）、塞克尔梨、布法姆梨（Buffam）、威克菲尔德牧师梨（Vicar of Wakefield）和多种伯尔梨（beurres）。纽约的梨季从6月开始，但德·沃遗憾地写道，最好的梨只在8月到10月之间才有。一颗优质的西洋梨可以要价1美元——对许多人来说，这大约是10小时的工资。德·沃还喜欢吃当地的塞克尔梨，这也是我的最爱之一。它是由一个名叫杜奇·雅各布（Dutch Jacob）的人引入纽约的，他从新泽西森林的一棵树上摘到这种梨，最终由一位塞克尔先生培育成功。这种梨比李子大不了多少，如今在美国东部和中西部的商店和市场里仍然可以买到。

梨的魅力，以及它被采摘后经得起运输的特性，引发了全球性水果贸易。一年四季，用彩纸和棉花包裹的梨子源源不断地流入西方世界的大都市。这种新型全球梨贸易促成了新的栽培种梨果出现，这个品种终于完美得到了人们长久以来汲汲以求的梨肉质地：它叫安索梨（Bonne du Puits Ansault），梨肉可以用刀抹开。 164

消失的梨有千千万万种，其中大部分都不会被记住，也不会被怀念。然而，安索梨这个品种给我们带来了一道难题。在法国昂热，安德烈·勒鲁瓦（André Leroy）先生的苗圃里种植的安索梨堪称一个奇迹。1863年，这棵畸形的树第一次结果时，果肉堪称完美。一看到这棵树，安德烈就知道，它是赢家。1865年，安德烈繁育了这种树。1877年，在证实了这种树的可繁殖性之后，美国果树学会将其列入名录。1883年，这种梨有了更简短的名字。在1917年写就的《纽约的梨》（*The Pears of New York*）中，U.P. 亨德里克（U.P. Hendrick）写道："引人注目的果肉可以用行话中很常见的‘黄油质地’来形容，比其他任何梨都要好。浓郁的甜味、独特而精致的香气，使之成为最高品质的水果。”这种梨的外形本身并不完美。它的个头中等偏大，扁圆形，成熟时呈黄色，外表覆有一层赤褐色。但是它的果肉很神奇：莹白多汁、鲜嫩芳香。初秋时节，梨果成熟时，人们会为它的到来兴奋不已。1890年，在田纳西大学农业实验站的研究人员对这种鲜嫩多汁的果肉赞不绝口，他们还注意到，这种果树虽然形状不规则，但生命力极强。第一次见到这种梨时，美国果树协会的亨利·威廉姆斯（Henry Williams）评价称，这是“多年来最美味的异国梨果之一”。我们以为，这样神奇的品种到如今仍然会在花园和果园中大受欢迎，会得到厨师们的青睐，在商店里随处可见。可惜事实并非如此。安索梨消失了。

安索梨发生了什么？在梨种名录中，它被列在灭绝或消失的部分。我们有若干幅描绘安索梨的优秀画作，关于它的各种赞誉也流传下来。165但仅此而已。安索梨确实有种缺陷——亨德里克注意到，这种梨树的形状格外不规则，不适合在果园种植。在更早的年代，果农本可以照顾好这些梨树，在培育更耐寒的品种的同时，保持其黄油般的质感和良好的口感。但这一切并没有发生。到19世纪末，世界开始转向建设商业果园，尤其是加州——这里正以一种新的方式在中部谷地种植梨树。铁路带来了大量树苗，新灌溉的土地上种满了西洋梨、博斯克梨和安久梨。大型罐头工厂攫取了多余的收成，改变了美国人食用水果的方式。这个时代的标志之一是德尔蒙食品公司（Del Monte）于1938年推出的梨、桃和樱桃混合水果罐头。这样的甜味料理虽然让水果的魅力大打折扣，却让人们无论何时，都能吃到它们。

人们不再种植安索梨，苗圃也不再繁育它。残余的果树要么枯萎在被人遗忘的果园里，要么在城市向农田扩张时被砍掉了。梨树不像它们的“表亲”苹果那样长寿，所以从这一点来看，某个被遗忘的果园角落是不太可能发现安索梨树的。这太遗憾了。我想用刀把安索梨肉涂在吐司上，尝尝当年备受赞誉的梨果到底是何种滋味。

第九章

人生苦短，尽快行动

我陷入沉思。一个月过去了，我的身体仍然疲倦又酸痛，不能去寻找灭绝的食物。我格外想念灭绝晚餐。谢天谢地，丹感觉到了我的失望，于是长途跋涉回到农场，准备了一场小规模的“灭绝料理”——这一次，梨是主角。他不知用什么甜言蜜语说服了我母亲，让她整个下午都远离厨房，还带来了一堆精挑细选的梨子。西洋梨、安久梨、博斯克梨和世纪梨，在长长的厨房料理台上堆成一座优美的金字塔。

“没给你找到塞克尔梨，唉。我找了一圈，但哪儿都没有。”

“这已经很厉害了，我们要用它们做什么？”

“我们可以用不同的方法来制作梨的料理。我想做一些不一样的菜式。”丹边说边继续拆开食材的包装。

“不过，这究竟是干什么用的？它里面似乎有东西……”我举起一瓶可怕的棕色液体。

他笑了笑，接过瓶子，摇晃着里面混浊的东西。

“我知道你现在不能出门旅行，我想我们可以通过烹饪的方式游览古罗马。现在让我开始干活吧。”

丹接管了厨房，把猫赶下料理台，开始做“梨布丁”（pears patina）。罗马人吃梨的方式多种多样，包括作为“第二餐”（mensa secunda）的基础菜式，也就是我们现代甜点的鼻祖。这些菜品包括大家熟悉的食物，比如水果、橄榄和奶酪，或者一盘鸡蛋。

罗马式晚餐耗时很长。有时候第二餐要到黎明时才开始。不过我们打算先吃甜点。丹用的是博斯克梨，因为它们很硬实，也很好处理。为了制作罗马梨布丁，丹将梨磨碎，与胡椒、孜然、蜂蜜和少量冰葡萄酒（罗马人用的是由葡萄干制成的风干葡萄酒。冰葡萄酒与之类似，因为冰冻葡萄有强烈的甜味）混合在一起。他往锅里倒上油，然后抓起那瓶可怕的液体。打开盖子，一股明显的恶臭弥漫在整个厨房。这是一种由鱼的内脏发酵而成的酱料，名为鱼露，深受罗马人的喜爱。

“不要，”我说，“别拿这个毁了我的甜点。”

“这可是关键！”

“我病得这么重，现在可不想吃发酵的鱼。”

一番争吵后，我们彼此妥协，做了两批甜点，一批加了鱼露，另一批没加（太好了）。我们在每一批加了碎香料的梨中加入鸡蛋，用中火烤20分钟。结果“现代”得令人惊讶。加了蜂蜜和复杂香料的梨子看上去闪闪发光。至少有一批是这样。那批加了鱼露的尝起来有鱼店、退潮和鱼饵的味道。就连丹也把他的盘子推到一边。

168 “这和我想象中不一样，也许我们根本不像罗马人。”

和早期罗马作家所能找到的数量一样，丹也想方设法找到四种梨栽培种做我们的点心。我们能从20世纪农作物多样性大萎缩中学到些什么？这种萎缩的本质是人类中心主义——消失的栽培种由人类创造，最终也因人类而消失。20世纪见证了农业的巨大转变，从利用地方进化品种来提供品种、扩大供应的以地区为基础的产业模式，转变为以一两个杂交栽培种进行大规模单一种植的全球性系统。我们甚至不会根据口味来挑选优胜者。人们关注的重点是保质期、单一性和运输过程中的耐久性。

这种萎缩在20世纪七八十年代的北美洲达到了峰值。在我的童年时代，杂货店里几乎什么都没有。所有的生菜都是结球生菜。黄瓜只有一种，绿到能吓坏猫咪。橙子和香蕉也都只有一种①。辣椒只有绿色和红色的，而且都没那么辣。蛇果和澳洲青苹各占半壁江山，后者勉强能下咽，但前者对我来说简直就是噩梦。20世纪70年代的蛇果又粉又干，外皮和果肉都很苦，几乎没有任何其他味道。它们总是让我失望，导致现在我都对所有的苹果持怀疑态度。

但情况并非一直如此。1880年，第一棵蛇果树的小树苗很偶然地出现在爱荷华州珀鲁的杰西·希亚特的农场里。当时，它被描述为一种圆 169 润的水果，香甜无比，呈淡黄色。斯塔克兄弟苗圃和果园开始销售这种树，他们的一棵早期接穗（种植嫁接枝的树）长出了结深红色苹果的单

---

① 如今的香蕉也只有一种。

枝。从这条枝干长出的苹果树比历史上其他所有枝干上的果树都要多。到20世纪80年代，当我从午餐中拿起一颗蛇果，扔向树林时，这一个单一品种的产量就占了华盛顿州苹果总产量的四分之三。为什么不呢？它们外表统一，而且保质期很长。

幸运的是，一种新趋势即将席卷北美洲。我们即将重新发现味觉的魔力。

20世纪80年代，北美洲和全球各地的烹饪复杂性急剧增加，从多个原产地向外辐射开来。日本人担心自己的烹饪文化会消失，于是发起了"就地生产和就地消费"（chisan-chisho）运动。"慢食运动"（Slow Food movement）起源于意大利，旨在抗议跨国快餐店以牺牲当地美食为代价的扩张，该运动蔓延到整个欧洲。在北美洲，有先见之明者如伯克利"好食"餐厅（Chez Panisse）的大厨爱丽丝·沃特斯（Alice Waters）等人，正用数百个小农场出产的各色农产品制作加州美食。北美洲已经为更好吃的产品和更多选择做好了准备。

更好的苹果栽培种再次出现了。在2014年《大西洋月刊》（*Atlantic Monthly*）的一篇文章中，萨拉·耶格尔（Sarah Yager）称蛇果是美国最大的堆肥制造者，而它现在只占华盛顿州苹果产量的四分之一，在其他苹果产区甚至没那么受欢迎。在中国，它只是一个次要的栽培种，中国重点种植的是脆甜美味的富士苹果。消费者已经接受了新口味，在一定程度上也接受了有助于建立多样化农业的季节性。各地时令水果的回归，在一定程度上与上述各种运动有关，但也与当地农贸市场出人意料地重获新生有关。季节性是指食物的消耗要等到一年中收获的季节。从 170

某种意义上说，季节性始终存在，因为文化记忆将某些食物与一年中某个特定时间点联系在一起。

传统上，我们发现在每一种离赤道足够远的文化中，人们都可以明确地体验到季节性。康奈尔大学（Cornell University）的一项研究表明，北美洲的人非常喜欢在当季食用某些食物，如绿菜、浆果、南瓜和玉米。我个人的研究表明，我们对季节性食物有着积极的记忆，这些食物还可以改善人类的健康状况。当地的应季食物味道更好，我们也愿意多吃。而且与超市里干巴巴的同类进口货比起来，这些新鲜的食物含有更多维生素和其他营养物质。

*

我的生活终于回来了。刚一恢复，我就回到固兰湖岛公共市场，渴望品尝当地和全球食物体系中的最好吃的东西。这里有新鲜的当地水果，包括最后一批当季的浆果，还有黑莓和秋天的第一批苹果。如果愿意，我可以买到几十种生菜和各种各样的绿叶菜——这些菜在30年前的北美洲甚至闻所未闻。我能买到芥蓝，一种来自中国的甘蓝栽培种。还有芸香，和古罗马一样古老的草本嫩叶植物，有种很冲的“肥皂味”。这里还有新鲜的紫苏，一种鲜嫩的日本薄荷，放在柠檬水里味道很好。

但情况并非一直如此。我仍然记得第一次尝试半结球莴苣的美妙。父母带我去了一家“前卫”餐厅，服务员在桌边做凯撒沙拉。他拿起一只大木碗，用蒜瓣在碗里抹了一圈，然后熟练地拌好调料。我记得服务员把一只生鸡蛋打进沙拉中，最后加入罗马诺干酪①和凤尾鱼。对于1980年的加拿大西部来说，这是一道非常奇特的菜式。 171

我穿过市场，避开那些正在拍摄食物照片的视觉艺术系学生，找到了一些粉红斑马柠檬——它们的果肉天然就是粉红色的。我买了一些柠檬和紫苏，准备回去切碎做柠檬水。我还想做个派，又买了些梅尔柠檬。梅尔柠檬是枸橼和柑橘/柚子栽培种的杂交品种，果肉泛着淡淡的橙色，口感甜美醇厚，带有独特而温和的柑橘风味。1908年，弗兰克·梅尔（Frank Meyer，我们稍后会讲到他）将它们引入美国。20世纪70年代，厨师爱丽丝·沃特斯让梅尔柠檬流行起来。几十年后，玛莎·斯图尔特（Martha Stewart）又进一步推广了这种水果。梅尔是如何找到柠檬新品种的？追根溯源，新水果又从何而来？这个问题将我们再一次带回天山。不过这一次，我们关注的是苹果。

想象一场寻宝游戏。地球上生长着许多有趣的动植物，其中一些有着难以置信的作用。新的食物和药物在地平线的某个地方等待着我们去发现。我们熟悉其他野生植物。它们是现有作物的祖先，当人类需要培育新的栽培种来抵御病虫害时，就会求助于这些野生“近亲”。在上一章中，我把这种丰富的生物多样性比作图书馆，这是有原因的：即使是现在，我们也能从中学到很多东西。

随着世界生物多样性的减少，人类失去了修复现有作物和创造新作物的能力。由于生物多样性在全球范围内分布不均，我们很难确切指出

① 罗马诺干酪的风味浓郁强烈，深受意大利厨师喜爱。——编注

问题到底有多严重。例如，高山地带① 占地球陆地面积约3%，但却是172物种数量异常丰富的家园。世界上一半的生物多样性热点地区都集中在高山上。在供应了全世界80%食物的20种植物中，有7种产自山区。

由于分布不均，我们无法确定最初的多样性到底已经消亡到何种地步。但我们知道，仅在过去的25年里，地球上的热带森林就减少了10%，而热带森林正是生物多样性的另一个热点地区。气候变化正在将物种推向新的范围，离赤道越来越远，因为植物要为了适应它们喜欢的气候条件而不断迁徙。

二十世纪二三十年代，地球上仍有大片大片的原始森林。为了弄清为什么地球上一些地区具有如此丰富的物种多样性，俄罗斯植物学家尼古拉·瓦维洛夫（Nikolai Vavilov）周游世界。他出生在莫斯科的一个商人家庭，从小就听父亲讲述贫穷乡村的生活故事，在那里，农作物歉收和定量配给是家常便饭。瓦维洛夫记住了这些教训。为了提高全世界作物的安全性，他进入莫斯科农业研究所，开始了一系列世界冒险之旅，绘制全球粮食作物地图。随着事业的发展，他到列宁格勒任职，领导全苏列宁农业科学院。他致力于改良小麦和玉米作物，率先鉴定作物的野生祖先，以便将其基因与被驯化的亲缘植物结合起来，将这些作物溯源到少数特殊地区。

瓦维洛夫意识到，地球上的一些地区，尤其是山区，包含着大量的生态位，小的生物区面积有时并不比山谷或悬崖大。进化确保植物和

① 这些区域位于林线以上、雪线以下。

动物能够适应每一种生态位，从而确保奇妙的多样性茁壮发展。为了纪念他，我们有时也称地球上生物多样性最丰富的地区为瓦维洛夫区（Vavilov Zones）。每次出国旅行，他都从地球上一个新地区收集种子，由此创造了有史以来最大的植物遗传物质收藏。瓦维洛夫的成功在于他能够带领一组研究人员进入偏远地区，在恶劣条件下迅速而彻底地收集材料。他的座右铭是："人生苦短，尽快行动。"

173

1929年，瓦维洛夫把精力集中在苹果上。如今，苹果是地球上第三受欢迎的水果，仅次于芒果和香蕉，在几乎所有的文化和宗教中都扮演着重要的象征角色。然而，当瓦维洛夫走进如今的哈萨克斯坦阿拉木图，在离天山山麓不远的地方，才弄清了苹果的原产地。这个小镇的名字翻译过来就是"苹果之乡"，即使在今天，在附近的天山脚下，密密的苹果树上依然挂着大量的野生果实。瓦维洛夫承认该地区是苹果的诞生地，这丰富了他对世界上作物产地的进一步了解。瓦维洛夫发现了30米高的神奇苹果树，也发现了齐腰高的矮苹果树。有些苹果和哈密瓜一样大，有些还没有樱桃大。很多都不能吃，但有些绝对是奇迹。有几种苹果有茴芹的味道，我还没有在商业苹果中尝到过这种味道。所有这些都是苹果的亲本树新疆野苹果的后代。像梨一样，每颗苹果种子都会长出一个全新的栽培种。瓦维洛夫将现代苹果的起源追溯至一大片森林，在这里，他记录了150种其他粮食作物的祖先。

你可能还记得，我提到过天山可能是伊甸园故事的发源地，因为没有任何一个地区有这么多主要作物。最后，瓦维洛夫记录了12个这样的生物多样性中心，将我们的粮食作物追溯到这些关键地区。南亚有一

174 个，埃塞俄比亚有一个，南美洲的安第斯山脉有一个，印度有一个。这些地区的野生作物祖先给我们提供了最重要的农作物，但是包括天山在内的大多数地区如今都受到了威胁。苏联人为了木材，砍伐了多达80%的野生果树林，尽管后来损失有所减缓，但随着该地区的发展，损失仍在继续。现存最后一片野生果林位于伊犁－阿拉套国家公园（Ile-Alatau National Park），我很想去那里看看，这样就可以吃到有茴芹味的苹果了。哈萨克斯坦东部的这些森林非常重要，美国农业部已经从该地区收集了超过10万颗种子。

瓦维洛夫的个人经历很悲惨。他把科学置于政治之上，卷入了一场关于豌豆基因的争端，这是个相当不可思议的罪名。瓦维洛夫认为，奥地利科学家、僧侣格雷戈尔·孟德尔对基因性状遗传的理解在很大程度上是正确的。但他以前的学生特罗菲姆·李森科（Trofim Lysenko）认为，苏联科学家提出的相反理论才是正确的。李森科成了约瑟夫·斯大林（Josef Stalin）的宠儿，瓦维洛夫对李森科的谴责致使他在乌克兰探险时被捕。瓦维洛夫被送往西伯利亚，饿死在古拉格，时年55岁。人生苦短，尽快行动。

不过，瓦维洛夫的故事并未就此结束。他身在塞尔维亚时，那些伟大的种子收藏还留在列宁格勒——一个在伟大的卫国战争（即第二次世界大战）期间被德国围困了28个月的城市。苏联人目光短浅，从艾尔米塔什博物馆撤走了艺术品，却没有撤走25万份粮食作物多样性样本，这些样本才是更有价值的宝藏。原瓦维洛夫科学团队意识到这些收藏的重要性，将它们转移到地下室，以防被饥饿的民众抢走。守护着海量的植物自助餐，九名科学家却在围城结束前死于饥饿。种子一直存在，瓦维洛夫在苏联“去斯大林化”时期被公开平反。现在，他被誉为苏联科学界的英雄，受到全世界科学家的称颂。李森科在斯大林死后保住了职位，但晚年受到广泛谴责，基本被人遗忘。李森科和他的同志们拒绝接受孟德尔的理论，导致苏联经历了几十年的粮食短缺。 175

*

我想认识一位现今依然活跃的水果猎人。我和汤姆·鲍曼（Tom Baumann）在克劳斯·贝里农场（Krause Berry Farm）坐下来，这里距离温哥华东南有一小时车程，是水果爱好者的理想去处。这里的“优选”①农场季已经结束，但玉米摊上依然熙熙攘攘，人们穿着都市鞋、拖着晒黑了的小孩挤在一处。顾客们排着队买华夫饼，在仿老式西部沙龙品尝当地葡萄酒。人们囤积冷冻浆果和相关产品：蓝莓、树莓、草莓、黑莓。在门廊餐厅，大家享受着当地的特色菜：一个堆得特别高的草莓派。派皮上是一层厚厚的蛋奶冻，上面是堆成山的草莓，用果冻状的糖浆固定住。派的顶部是一团鲜奶油。员工们接受了特别培训，学习如何在不破坏派的情况下切开它。我看着我的那片派在盘子里摇摇欲坠。汤姆在我（和我的派）对面喝着咖啡。

汤姆·鲍曼身兼数职：教授、农业专家和农民。他同时也是一名水果猎人，冲在美食探索的第一线。汤姆拥有德国和加拿大大学的硕

① U-Pick，指游客可以亲手采摘作物并购买。—— 译注

士学位，是探索烹饪奇迹的绝妙搭档。他为他的学生种植了神秘果（*Synsepalum dulcificum*），这种非洲水果可以在短时间内通过化学方式

176

改变我们味蕾的功能，让大脑将酸味识别为甜味。上次我路过他的温室时，里面全是木瓜。他喜欢异国和热带水果，对水果的口味有独到见解。

汤姆遵循着探险家的悠久传统。早在公元前1500年，埃及的哈特谢普苏特女法老（Queen Hatshepsut of Egypt）就派了一支队伍，沿着南非的东海岸寻找令人兴奋的新水果。威廉·丹皮尔（William Dampier）曾是一名海盗，后来成为植物学家。他受英国国王威廉三世（King William III）的委托，在世界各地搜集水果。1697年，他出版了一本历险记，描述了他寻找海盗黄金和令人兴奋的小吃的旅程。瓦维洛夫的足迹遍布世界各地，以梅尔柠檬而闻名的弗兰克·梅尔曾多次前往中国最偏远的地区，寻找下一种伟大的风味。弗兰克·梅尔对寻获植物的危险并不陌生，1918年，他在一艘航行于武汉和南京之间的轮船上失踪。汤姆也进行过类似的冒险。回到加拿大郊区，我安顿下来，听他讲旅行和水果的故事。

我跟汤姆提到，我正在写消失的栽培种。他皱了皱眉，开始讨论一个熟悉的问题：消失的地方品种。

“是惨痛的损失。太多的栽培种消失了，我很难过。”汤姆说。

“我也是。我读到过那些消失的水果栽培种，我想知道它们是什么样的。”

汤姆敲了敲桌子，我的派随之摇晃起来。“超级作物通过大公司持有的专利传播到世界各地。西方农作物被引入运作正常的农业系统以

‘拯救’农民，却带来了更多农药和化肥、新的疾病和被破坏的土地。我们需要找回地方品种。人类正在失去可持续农业的关键。”

我吃着派，举双手赞成他的观点。我问汤姆，他还会去寻找新的水果，来弥补那些消失的旧栽培种吗？对于这份充满冒险的职业，他是如何发生兴趣的？在他看来，这种激情是长期累积下来的。他对水果产生兴趣，是在姑姑的德国农场里。在那里，他5岁开始采摘浆果，7岁就能开拖拉机。他和父亲一起参观农场，大学期间，他继续采浆果赚钱，还写了一篇关于机械收割树莓的硕士论文。为了这项工作，他来到加拿大西部的阿伯茨福德（Abbotsford），他非常喜欢那里，说服全家搬了过来。他的政府研究和咨询工作迅速取得进展，成了菲莎河谷大学（University of the Fraser Valley）农业系的浆果专家。

177

“但是，”他顿了一下，渴望地望着南方的群山，“水果猎人总是想寻找他们在当地得不到的东西。”

就他而言，这让他爱上了热带。在那里，他可以找到各种稀有的水果品种，比如草莓木瓜和五颜六色的异国芒果。他探访夏威夷的水果市场，在小农场和农家院子里找到了不同凡响的品种。他特别喜欢牙买加的多香果和咸鱼果，也常去佛罗里达研究柑橘品种。他还有座满是精致热带植物的私人温室，生长在里面的植物被精心呵护，免受加拿大严冬的侵袭。我听得惊讶不已。本以为我的苹果树和梨树已经够难照料了。

我问了汤姆一个很重要的问题：真的还有很多水果可以被引入全球市场吗？

“至少有几百种。或许有成千上万。整个种群，以及高质量的单体。

有些物种还在森林里，有些可以在农村市场上找到。”

汤姆认为水果的未来会出现在几个编目尚不完备的地区，比如非洲的一些地区，尤其是西非；巴布亚新几内亚，那里有数百种水果甚至尚未被编目；还有印尼、马来西亚和中国农村地区。印度次大陆的许多水果在西方基本不为人知。他为我描绘了这样一幅画面：有新的风味、新的菜式和未知的水果冒险。在那些地方待上一段时间，你或许就会发现一些完全不符合西方人口味的东西。

178

“你知道，这里也有很多经验可以借鉴。”

我有点诧异。不列颠哥伦比亚省怎么可能有烹饪的秘诀？汤姆举了一个例子，描述了一种我从未吃过的水果。蓝果忍冬（*Lonicera caerulea*），又名蓝靛果，是一种大型浆果，原产于北美洲凉爽的温带地区，包括加拿大的北方森林。它是一种落叶灌木，约两米高，有柔和的淡灰绿色蜡质叶子。它有着灰蓝色的表皮，花朵呈黄白色，果实呈矩形，大小介于葡萄和蓝莓之间。“Haskap”这个词源自日本北部土著阿伊努人[①]，几个世纪以来，他们始终钟爱这种浆果。蓝靛果在零下50摄氏度以下也能茁壮生长，对于一个北部地区气温可降至零下40摄氏度的国家来说，这是一种很便宜的特质[②]。它们比草莓成熟期更早，可用来制作糕点、果酱、果汁、冰淇淋、酸奶和糖果，被认为是一种超级食物，

① 日本北方、俄罗斯东南方的一个原住民族群，主要聚居在北海道、库页岛、千岛群岛及堪察加等地。阿伊努人具有很多棕色人种特征，肤色较深，低额多须，深眼窝，体格健硕，毛发极为浓密，有鬈发倾向，脸上和身上汗毛很多，是世上已知体毛最盛的人种之一。——译注

② 我在卡尔加里经历过一次这种程度的严寒，足以让我把研究转向赤道。

富含微量元素和抗氧化剂。十多年来，汤姆一直致力于在不列颠哥伦比亚省发展蓝靛果产业，培育出能在阿伯茨福德附近更温和的气候条件下茁壮生长、比野生种更易收成的品种。驯化蓝靛果是一项有条不紊的缓慢工作。汤姆觉得它们颜色漂亮，还有出色的抗氧化功能，他相信蓝靛果可以很容易地发展为当地可盈利农作物。

汤姆靠在椅背上，答应邀请我参加蓝靛果品鉴会。

“这里有很多本土植物可以成为商业作物。野生空间仍然完好无损，素材就在那里，等着我们去发现。”他为此类项目缺乏政府资金感到惋惜。让野生作物变得更大、更美味、更可靠，需要多年的工作。“运用各种农业技术，这些地区的原住民种植了数百种作物。只不过我们没把它们当成作物。这是巨大的损失。”

我叹了口气。欧洲人殖民不列颠哥伦比亚省时，漠视当地农业，强烈反对土著人种植、收获当地食物。

派被我吃光了，汤姆留给我一个问题。在全球贸易中，每个人都想要同样的作物，这限制了当地品种的发展。然而，人们对独特食物的兴趣，关系到小规模种植者的未来。目前，我们还不清楚究竟哪个体系最终会占据主导地位。如果已经消失的食物又得以幸存，人类该如何保护它们？

离开之时，汤姆还沉浸在关于安索梨的思考之中。他表示，这种水果可能仍然藏在某个地方。在理想的条件下，梨树的寿命相当长，有人可能会砍下一枝安索梨枝，使它得以幸存。有些水果猎人专门拯救古老品种。在某个地方，或许有人正在寻找安索梨，这种梨或许也在等待着被发现。

几周后，汤姆邀请我去品鉴蓝靛果。他的团队制作了蓝靛果果冻和一种撒着红糖和燕麦片的可爱脆饼，主要原料是冷冻浆果。蓝靛果让我180想起了酸甜多汁、滋味丰富，还带着一丝蜡感和涩味的萨斯卡通莓。这两种浆果都有点像蓝莓。随着年龄的增长，我越来越喜欢蓝莓。如果能轻而易举地买到蓝靛果，我会很愿意吃它。我不知道它能否突破商业化的瓶颈，但就目前而言，我满足于体验这种新水果的乐趣。

*

见过汤姆后，我一直在想那些可能藏在我家后院的水果作物。小时候，我和朋友们会在树林里玩上几个小时，常吃那些据说很安全的浆果。我们常吃的浆果有很多种：黑莓、黑树莓、露莓、越橘莓、鲑莓、沙拉莓，甚至还有很小的弗州草莓。但是小镇边缘的雨林中还藏着什么神奇的东西呢？为什么我们没有种植这些作物？简而言之——为什么我们超市的主要商品都是来自欧洲的经典谷物、蔬菜和水果？我们的水果篮子依然可以直接追溯到天山山麓。

这并非因为缺乏物种多样性。在环球旅行出现之前，不同地区有着千差万别的植物性食物。马可·波罗（Marco Polo）兴奋地书写了亚洲水果，但也惆怅地抱怨说，他不知道树上挂满的是什么果实，也不知道吃它们安不安全。北美洲的早期定居者也面临着异国食物的新奇恩惠。维京人以他们在北美洲地区发现的野生葡萄，将这片大陆命名为“葡萄地”（Vineland）。几百年后，北美洲的葡萄根茎拯救了欧洲的葡萄酒产业，使其免受一种叫作“根瘤蚜”的害虫侵害，因为北美洲的葡萄种对根瘤蚜免疫。

定居者往往倾向于他们熟悉的食物。植物探索者在世界各地搜寻有用的作物。前者造成了随人类迁徙而发生的作物迁移，后者积极探寻了令人兴奋的新口味，这两股力量引发了人类历史上最大规模的植物物种转移——哥伦布大交换。

181

从实际意义上讲，欧亚大陆和美洲大陆就像两个不同的星球。随着大陆分离和海平面上升，两个半球之间最终的陆地连接消失了，植物和动物可以自由地在不同道路上分别进化。虽然有些物种在全球范围内都有发现，但还有许多物种只在一侧半球或另一侧半球出现。然而，随着地理大发现时代的到来，这种情况有所改变。事实上，并非由于地质作用，大陆之间的陆桥是人类通过满载疾病和肮脏水手的大船重建起来的。两块大陆之间植物、动物、人类和疾病的交换被称为“哥伦布大交换”，它造就了一场持久而深刻的地球物种重组，这场重组至今仍在继续。

从15世纪末到16世纪，大量的植物、动物、文化、技术和人口越过大西洋，在亚欧之间的印度洋上航行。奇妙的新作物遍布全球，致命的疾病也无意中搭上了便车，被带到新的地区。来自欧洲的疾病对美洲原住民造成了十分严重的影响，因为他们对此类疾病没有免疫力。

“哥伦布大交换”一词是美国历史学家阿尔弗雷德·克罗斯比（Alfred Crosby）于1972年提出的。克罗斯比看到，当航运贯通了大西洋，前所未有的事情发生了。欧洲美食的变化显而易见：16世纪，土豆从秘鲁传入欧洲，得到了凯瑟琳大帝（Catherine the Great）等统治者的

182 支持，改变了数百万农民的饮食。来自中美洲的玉米抵达葡萄牙，影响了整个地中海盆地的烹饪方式。西红柿被作为一种观赏植物，从南美洲进口到欧洲，由于它与马铃薯有毒的叶子和果实相似①，被认为是不可食用的。不过到了19世纪，那不勒斯的厨师们开始用西红柿做菜，西红柿现在也成了意大利菜的基石。很难想象没有西红柿的意大利，但西红柿的确是一种相对较新的食材。与此同时，辣椒穿越大西洋来到欧洲，随后沿着香料之路继续向东，永远地改变了中国和印度的烹饪方式，取代了同样为菜肴提供热量的当地植物。

重要的作物也向另一个方向流动。来自埃塞俄比亚的咖啡和来自印度的糖改变了中美洲和加勒比地区的饮食。柑橘从地中海传到佛罗里达州，香蕉从南亚传到南美，北美洲大草原被来自欧亚大陆大草原的小麦覆盖。除了蓝莓、蔓越莓、火鸡、枫糖浆和其他一些次要作物、动物，北美洲的食物几乎都被淘汰了。与此同时，欧洲动物占据了主导地位，包括马、狗、猪、牛、绵羊、山羊、蜜蜂、猫和鸡②。大量植物横渡大西洋。北美洲获得了杏仁、苹果、杏、芦笋、香蕉、大麦、甜菜、芸薹、胡萝卜、柑橘、黄瓜、鹰嘴豆、咖啡、无花果、茄子、大蒜、姜、韭菜、扁豆、生菜、芒果、橄榄、洋葱、桃子、梨、豌豆、大米、黑麦、大豆、小麦和山 183 药。欧洲获得了番石榴、多香果、苋菜、牛油果、甜椒、腰果、辣椒、可

① 马铃薯的绿叶和果实含有茄碱，这是一种神经毒素，会引起头痛、呕吐甚至瘫痪。马铃薯块茎中也会产生这种毒素，所以最好扔掉长绿斑的马铃薯。

② 一些说法表明，1492年之前，来自中国的探险家曾带着鸡横渡太平洋，当第一批欧洲人到达南美洲时，鸡已经在那里繁衍生息了。我们无法确定这些说法的真实性。

可、蔓越莓、南瓜、向日葵、玉米、木瓜、花生、豌豆、山核桃、菠萝、土豆、南瓜、藜麦、烟草、番茄和香草。尽管北美洲的变化被殖民文化的深远影响所掩盖，但大西洋两岸的饮食都被不可逆转地改变了。

这种交换并不公平。欧洲人践踏了北美洲，在登陆后的前100年里，暴力、流离失所和疾病杀死了美洲大陆85%到90%的土著居民。森林和河流三角洲中原本被精心照料的田地也都休耕了。我很想更多地了解这些植物。成长过程中，我对西海岸土著的植物性食物有了一定的了解，但我所了解的还远远不够。我想看看自己能从藏在周遭树林里的植物性食物中学到什么。

我的第一站是德裔美国人类学家弗朗茨·博厄斯（Franz Boas）的《夸夸嘉夸族民族志》(*Ethnology of the Kwakiutl* ）。这本书提供了特林吉特[①]学者乔治·亨特（George Hunt）收集的数据，是罕见的第一手资料来源。亨特不需要去很远的地方做研究，因为他的妻子就是夸夸嘉夸族[②]人（当时被欧洲人称为瓜求图族）。她和她的朋友们口述了该地区饮食习惯史，重点介绍了主要的植物性食物。她描绘了一幅奇妙的图景。其中最重要、最关键的植物性食物是春岸三叶草（springbank clover），被种植在河流三角洲的半野生小地块上。人们会挖出它厚厚的根茎，储存在雪松箱中，为冬天做准备。三叶草和委陵菜一起生长在地块中，这

① 特林吉特是北美洲西北部太平洋沿岸的原住民族，也是最早在温哥华岛定居的原住民族之一。—— 译注

② 夸夸嘉夸族是北美洲太平洋西北海岸原住民的一支，在阿拉斯加东南部的温带雨林中发展出来的母系氏族。他们过着渔业为主、狩猎采集为辅的半定居式的生活。—— 译注

184

些根茎植物附近还有海乳草、蕨根、野生胡萝卜和百合。据记载，生吃羽扇豆根能让收割庄稼的人酩酊大醉，但如果煮熟了就能提供美味的一餐。沿海地区的人们也吃各种各样的浆果，包括我和朋友曾在树林里发现的那些。这些浆果包括接骨木果、沙拉莓、醋栗、越橘莓、鲑莓和蓝莓。乔治·亨特还提到了“Qot!xolē”莓，但我还没能确认它的英文名称。就算它们依然存在，也不为人所知。

当地人把浆果放在曲木盒里煮熟，晒干成块状，储存起来过冬。人们有时会将它们与鱼油混合，制成一种干肉饼，通常还会用富含果胶的陈年浆果来增稠。三叶草根会被蒸熟或煮熟，再混合鱼油捣碎。太平洋沿岸的野生胡萝卜学名叫大西洋山芎（*Conioselinum pacificum*），又叫毒胡萝卜。我祖父曾严禁我摘取味道浓郁的根茎植物，因为它们的外观与剧毒的毒芹非常相似，即使是很小的剂量也足以致命。博厄斯和亨特一起实地考察时，他写道，野生胡萝卜导致他严重腹泻，从此他学会了对这种食物退避三舍。我一直对那种能让人产生醉意的羽扇豆感到好奇——这个物种名为海滨羽扇豆（*Lupinus littoralis*），根茎足有一米长，味道很甜，但必须煮熟。生的海滨羽扇豆含有毒性生物碱，它们引起的“醉意”很可能致命。

当我完成了对当地环境的探究，却得到了更多问题而非答案。乔治·亨特夫妇列出的那些食物已经灭绝了吗？随着城市面积的不断扩大，我记忆中儿时吃过的浆果现在是不是更难寻觅？我们会注意到这些边缘物种的消失吗？和汤姆·鲍曼边吃派边聊天时，他对大学不再设有研究这些植物的项目感到惋惜。也许是时候让它们复活了。对本土美食“旧情复燃”，有助于提高人们对本土物种的认识。在温哥华的海达族①餐厅“鲑鱼与燕麦饼”（Salmon n' Bannock）里，我品尝到一种不错的沙拉莓酱，在这座城市的其他餐厅里，我也吃到过其他野生浆果。但我找不到任何一个会烹饪春岸三叶草的人，尽管它曾是晚宴上众多食客共享的主要淀粉食物之一。我确实找到了一些提供种子的公司，计划在花园里给它找个地方，和我的露莓种在一起。 185

人类正站在保护剩余野生作物的十字路口。如果不保护生物多样性，就可能会失去它们。或者，我们能持续保护生物多样性，在为人类供应美味新食物的同时，强化现有作物的生物储存库。我们能接受在悠长夏日只享用几个相同的栽培种，那为什么不去体验包括本地品种在内的、丰富多样的“季节限定”水果呢？其实我们完全可以同时享用这两个体系供应的最佳风味。

人类也在努力保护生物多样性。这项工作最关键的因素之一，是收集来自野生祖先和地方品种的遗传物质。瓦维洛夫等人的事业至今仍在继续。其中一项更集中的工作是在世界范围内创建多个种子库，保存备份种质——这些种子库被称为“斯瓦尔巴全球种子库”（Svalbard Global Seed Vault）或“世界末日种子库”。该种子库位于地球上最偏远的群岛之一，利用寒冷气候提供远离战争和冲突的安全存储空间。即便是全球性危机也不太可能蔓延到遥远的斯瓦尔巴群岛②。备份下来的农

① 海达族，生活在西北太平洋地区的美洲原住民，主要生活在加拿大不列颠哥伦比亚省的海达瓜依（夏洛特皇后群岛）和美国的阿拉斯加，人口只有约 3500 人。——译注

② 斯瓦尔巴群岛位于北极地区，属挪威最北界，约位于挪威大陆与北极点正中处。——译注

业财富在那里等待着人类幸存者——如果他们能抵达那里的话。令人沮丧的是，阿富汗和伊拉克的种质在冲突中丢失，菲律宾的种质最近也遭到洪水和火灾的破坏。保留备用种质是有道理的，斯瓦尔巴全球种子库备份了1700种种子。人们收集来的种子远离社会冲突，沉睡在永久冻土层下。

186

1986年，卡洛·彼得里尼（Carlo Petrini）在意大利创立了一种不那么“末日”的保护方式——慢食“味觉方舟”（Ark of Taste），在全球化背景下保护当地食物和传统烹饪。麦当劳开到了罗马的西班牙台阶附近，这让彼得里尼等人深感不快，在他们看来，这种入侵正是全球食品体系一系列问题的缩影①。目前，“慢食”在全球拥有10万多名会员，他们被分为数个地区性小组，旨在促进当地农民和厨师的发展，并鼓励保存地区风味。他们甚至在意大利皮埃蒙特（Piedmont）开办了一所美食科学大学。

“味觉方舟”项目在保护地方品种方面尤为重要。来自50多个国家的数百种果蔬栽培种和动物物种已被列入项目名录，为想要种植或购买这些物种的人提供资源。与种子库不同，“味觉方舟”旨在通过提醒人们关注、保护可能灭绝的本地物种，鼓励人们将种植、生产这些物种作为生活传统的一部分。出于好奇，我查了一下符合“方舟”名录产品的五大标准：具有独特口味；与本地记忆和身份认同相关；环境、社会、经济和历史上产自同一地区；产出数量有限；且有灭绝的危险。符合以上

① 我把判断权留给读者。就我个人而言，我喜欢麦当劳的小水果派，因为每个地区供应的派都不一样。夏威夷的椰子派特别好吃。

标准的加拿大物种范围广泛：钱特克勒鸡、泰姆华斯猪、蒙特利尔独有的甜瓜、格拉文施泰因苹果和红法夫小麦。此外还包括芬迪湾紫红藻、萨斯卡通莓、荚蒾蔓越莓和卡玛百合。汤姆会赞同的。名录上甚至还有几种梨，包括耶稣会梨，这是一种长在高树上的小甜梨，曾被18世纪的法国殖民者种在温莎和底特律。 187

完成了关于果蔬栽培种灭绝笔记后，我去看望了果园角落里的一棵瘦高小树。它是一株从被忽视的水果种子上长出来的嫁接梨苗。它可能会有沙砾般的口感，又苦又涩。但我还是会照料它，修剪它，给它定型，等待它结果。1964年，心理学家埃里希·弗罗姆（Erich Fromm）创造了一个术语：生物癖（biophilia），也就是对生物的热爱。每当看到我的小树上那些不规则的叶子时，我就能深切体会到这种感觉。或许——只是或许，这棵树会结出不同凡响的果实，生出可以用刀抹开的丝滑果肉。

*

回城后，我和丹简单交流了一下，就开始准备下一段“灭绝之旅”。我们要把动力和实地调查结合起来。在家待了几个月后，我渴望出门。但首先，我想给梨最后一次机会，给丹做一道“梨海琳”（poire belle Hélène）。这道经典的法国甜点由乔治·奥古斯特·埃斯科菲耶（Georges Auguste Escoffier）发明。他是一位颇具传奇色彩的法国厨师、餐厅老板和烹饪作家，对传奇厨师马里－安托万·卡雷姆（Marie-Antoine Carême）复杂厚重的菜式进行了改进。埃斯科菲耶让这道甜点变得更轻盈、更明亮。他还改进了一套厨房体系，能满足19世纪末的大型酒店成

百上千名客人的需求，这套体系也在许多大型餐厅中沿用至今。此外，

188 他还发明了法国料理中的五种母酱①，使烹饪成了一种受人尊敬的职业。埃斯科菲耶为人招摇、爱出风头，肯定会认可当代厨师的媒体影响力。一个世纪后，他的《烹饪指南》(*Guide Culinaire*) 仍然是许多人厨房中的重要参考资料，包括我自己。

梨海琳发明于1864年，是埃斯科菲耶书中第4685号食谱，以雅克·奥芬巴赫 (Jacques Offenbach)② 的一部轻歌剧③命名。但我第一次吃到这道菜时，完全不了解它的背景。那时我18岁，身在巴黎，对食物几乎一无所知。我在法国参观艺术品，只能算是“观看”，焦躁不安地寻找着……某种东西。无论我在找什么，它都不在我入住的那家位于皮加勒区的破旧酒店房间里。于是我走入雨中，在闪闪发光的鹅卵石路上徘徊，然后在一家有大理石桌子的街边咖啡馆坐下来。我第一次体会到时差，昏昏沉沉地点了一份梨海琳。梨、香草冰淇淋、热巧克力。每种食材都超乎想象地好。梨子是熟透的。冰淇淋口感爽滑，味道浓郁。巧克力就像天鹅绒一样。几种味道完美和谐地融合在一起。在那一刻，一切完美。我忘记了艺术，专注于空灵奇妙的食物世界。谢谢

① 法国料理的五种母酱是丝绒酱（velouté）、褐酱（sauce espagnole）、番茄酱（sauce tomate）、荷兰酱（sauce hollandaise）和白汁（sauce béchamel）。—— 译注

② 雅克·奥芬巴赫被后人尊为轻歌剧的奠基人，留下大量作品，最出色的作品包括《美丽的海琳》（*La belle Hélène*）和《天堂与地狱序曲》（*Orphée aux enfers*），梨海琳即以前者命名。—— 译注

③ 轻歌剧诞生于19世纪，也称“配乐喜歌剧”，情节多取自现实生活，结构短小，风格轻松活泼，偏重讽刺揭露，并结合当时的流行歌曲，通俗易懂。—— 译注

埃斯科菲耶。

我一边和丹聊天，一边用糖浆和香草煮着新鲜的西洋梨。我把它们放在一边冷却，把香草冰淇淋舀进两个冰镇好的盘子里。丹融化了一些上好的黑巧克力，房间里萦绕着馥郁的花香和果香。我们把巧克力倒在冰淇淋和梨上。时光荏苒，这道甜点完美如初①。

“这真是太棒了。”丹笑着说。

我专注地吃着冰淇淋，不想让它融化。毕竟人生苦短，要尽快行动。

① 原本的菜谱中还加了紫罗兰蜜饯。

第十章

炒蛋天堂

“丹，好像有只蜥蜴在吃我的派。”

那家伙撑着细腿蹲在那里。它的皮肤是鲜艳的霓虹绿，带有红色的斑纹。眼周有蓝色的亮点，像画了特别闪亮的眼线。它朝我眨眨眼，又回去舔我的早餐。丹放下正在清理的相机镜头，盯着这只宝石色的小动物。

“是只壁虎，”他说，“马达加斯加金粉守宫。哇，看它的小舌头！它喜欢糖。”

壁虎心满意足地舔着我那块百香果①奶油派。我用手背轻轻推开它，叉起一块没被舔过的派，望着外面的雨幕。此刻，我们在希洛（Hilo），夏威夷大岛上一个迷人的破败小镇。我对这里有天然的好感，郁郁葱葱

① 是夏威夷的百香果，用它做成的奶油派很好吃。

的丛林展现出一派悠闲的“海盗氛围”。鲜花爬过每一道篱笆，房子都歪歪斜斜地靠在一起，一副年久失修的模样。路上没什么车，人们都很友善，轻松惬意。植被绿得不可思议，木制建筑被漆成明亮的颜色。这里的一切都笼罩着些微衰败感，人们习惯喝即冲的红茶菌。生物多样性随处可见，小巷和院子里的树上挂满了水果。 190

夏威夷群岛是研究人员的梦想之地。就面积而言，它们是地球上最偏远的陆块，从地质上看也很年轻。地壳以每年约10厘米的速度缓慢穿过地幔中的热点时，新岛屿就一连串地从海底冒出来，形成了夏威夷群岛。活火山仍在塑造新的陆地和岛屿，古老的岛屿正重新沉入大海。我和我的派正位于最新形成的岛屿——夏威夷大岛上，这里的官方正式名称是夏威夷县。70万年前这座岛屿才形成，随着活火山不断将熔岩输送入海，它的面积仍在不断扩大。人们的关注点主要集中在夏威夷的六座主要岛屿上，其实这里有132座岛屿、环礁和海山，像一块块铺路石绵延到亚洲。一座新的海底山——罗希（Lōihi）正从大岛海岸升起，可能会在未来一万年左右的时间里浮出水面，为夏威夷百香果、马达加斯加金粉守宫和研究人员准备好一个新的天堂。但现在，希洛就是我们的终点。

我和丹来夏威夷的目的各不相同：他来这里是为了岛上有时很简单的生态系统，而我则是因为岛上复杂的菜系。群岛为研究者提供了自成“结界”的微型生态系统。而对社会科学学者来说，群岛像个十字路口，不同的人类文化汇聚于此，以意想不到的新方式彼此融合。

我和一个研究小组在希洛研究饮食文化和多样化农业，丹和一群学

191 生带着一大堆工具研究青蛙。小青蛙。闹哄哄的青蛙。我们集中了所有资源，在镇子附近租了一间铁皮顶房子。没想到，我们的行程被雨耽误了。我看着笔记本被湿气浸透，丹勉力维持着他夜视相机的干燥——但这是一场徒劳的挣扎。我觉得青蛙们倒是很开心，而且至少这里的天气是暖的。

根据不同的海拔和位置，夏威夷大岛的生态位分区泾渭分明，若隐若现的巨大火山群使高速气流在岛的迎风一侧抬升，冷却后产生大量降雨，形成了明显的干旱区和多雨区。农场和青蛙都在多雨区，所以我也在这里。夏威夷是由黑色的沙滩、郁郁葱葱的丛林、凉爽的温带森林、草原、炎热干燥的灌木丛、适合种植咖啡的云雾森林组成的岛屿，最重要的是，这里也是一片伴随着野火和偶发性降雪的气候恶劣之地。大岛上有五座火山，其中三座被列为活火山。其中的基拉韦厄火山（Kīlauea），自1983年以来一直在持续喷发。一天晚上，我们团队全员出动，去火山国家公园看热熔岩湖，我很高兴我们去了。在那之后，作为2018年裂谷带喷发的一部分，熔岩通过裂缝和喷口排出，在普纳区横冲直撞，掩埋住了我研究过的一些农场，同时向海洋进发，变成一团毒雾，排入大海。我们到访的那天晚上，熔岩湖中仍然满是翻涌的岩浆，地球内部的液体在星空下喷涌而出。

第一批到达这些岛屿的探险家发现的土地，与我们如今所了解的样子完全不同。波利尼西亚人是令人惊叹的航海家，精通在广阔水域中定位岛屿的技术。他们的航海家享有崇高的社会地位，能绘制岛屿地图，192 还会把秘技谱成歌曲，一代代传唱下去。他们在水中寻找海藻，跟随海鸟航行，懂得嗅探空气，特别是云彩的信号，因为岛屿上方的空气往往更暖，会形成一条通向下风处的云带。他们有各种各样的工具，包括星图。

波利尼西亚人在航行中使用坚固的支腿独木舟，很可能是以船队的形式探险旅行，但即使是结伴而行，也不能完全克服一个可怕的事实：准备开拓新殖民地时，他们还是会划着桨进入太平洋，很可能无法找到适合居住的陆地。他们的航海壮举至今仍让人难以置信。夏威夷在离学会群岛（Society Islands）4000公里的东部海域，除了基里巴斯（Kiribati）之外，两者之间几乎没有其他岛屿。尽管距离遥远，波利尼西亚人还是在公元400年到公元1200年间登陆夏威夷群岛，最初可能只是“游客”，但最终他们留了下来。

他们发现的岛屿虽然美丽，却不像如今这么郁郁葱葱。就其面积而言，夏威夷群岛是地球上最偏远的岛屿，非人类物种很难抵达这里。这些岛屿在火焰和蒸汽喷发中冲出海面，上面完全没有任何生命。其中最古老的考爱岛（Kaua‘i）浮出水面已有约500万年，在此期间，约有270个物种到访。绝大多数是飞来的，还有些是随气流飘来的，另外约四分之一是随潮水漂流而来。在波利尼西亚人抵达之前，除了一种蝙蝠，这些岛屿上完全没有哺乳动物。大量蕨类植物在这里生根，它们的孢子可以在空气中停留很长时间。其他植物则是搭了鸟腹的“便车”。这些物种登陆上岛后，进化丰富了物种多样性，填补了特定的生态位。波利尼西亚人到达时，岛上有956种植物和动物，没有淡水鱼，没有两栖动物，也没有爬行动物。这里有草，有花，有被子植物，还有有限的几种菌类。

新来的波利尼西亚人能找到的食物很少。他们吃一些蕨类植物的根芽，收割野生红薯和山药。在这里，他们发现了一些浆果，包括一种其他地方找不到的无刺树莓“卡拉”（‘akala），和一种类似蓝莓的小红莓火山越橘（‘ōhelo‘ai）。蒲桃（‘ohi‘a ‘ai）又叫山苹果，是当地少数可生吃的水果之一，至今仍然很受欢迎。他们还发现了几种海藻。听起来食物不够，事实也确实如此。一块储备不足的殖民地不太可能在岛上存续下来。但波利尼西亚人做了充分的准备。他们自带了午餐。

波利尼西亚人不会未经谨慎规划就出发去寻找新的家园。每次探险，他们都会自带一系列备受喜爱的“独木舟植物”（canoe plants）。波利尼西亚人根据耐久性、药用价值和营养价值选择独木舟植物，其中包括芋头（可以说是最重要的一种植物）、香蕉、酸橙、椰子、竹子、姜黄、红薯、诺丽果和竹芋等主要食物。他们还会带猪、狗和一种类似鸡的家禽，因此船上总是生机勃勃。在新岛屿上定居后，他们就会开凿鱼塘、建造复杂的供水系统，将雨水从岛上多雨的一侧转引到干燥的另一侧。这对主要作物芋头来说尤其重要。人类种植这种作物，是为了收获它那淀粉含量极高的球茎。人们认为芋头来自南印度和东南亚，尽管这种植物已经广泛流布，其原产地仍然很难判定。它属于热带多年生植物，也是一种营养丰富的食物来源，可以留在土地里，直到需要时再行收获。芋头也是仅有的三种可在滞水中生长的常见作物之一①，它的茎上长着气孔，可以交换氧气，但流动的水才能促使它生长得更快，所以，在夏威夷被称为“洛伊”（lo‘i）的芋头田必

194

① 另外两种是稻米和莲藕。

须要经过不断的灌溉。起初，开垦这样的田地是繁重艰巨的工作，但它能收获两方面的回报：几乎不费吹灰之力就能控制住杂草，芋头产量也会提高。芋头的球茎含有草酸（可能是为了防止人类等生物吃掉它们），必须煮熟才能分解这些毒素。夏威夷人把芋头放入名为“伊姆”（imu）的大炉中蒸熟，再捣碎，发酵成芋泥。在与欧洲人接触之前，这种独特的紫色酸味糊状物是夏威夷饮食的基础。如今夏威夷每年仍产出约2721吨芋头，且需求还在不断增长。就连麦当劳也在夏威夷供应芋泥派①。

夏威夷人实行极为先进的土地管理模式，这种模式认为，岛屿归神所有。名为“阿里伊”（ali‘i）的管理阶层管理着岛上的劳动者，也就是“玛卡埃纳纳”（maka ‘āinana），整个系统旨在保护岛上敏感脆弱的生态系统不被耗尽。岛屿被划分为“阿胡普阿阿”（ahupua‘a），指从海滩到山顶的楔形区域。在这里，协作至关重要，水资源由集体共享，水运体系也是集中管理的。高海拔地区的森林植被大多禁止被收割，一套复杂的规则系统规定了谁可以吃什么，以及每种食物何时可被收割。很多最有趣的食物都不准女性食用，直到欧洲人到来后，男性和女性才被允许一起吃饭。

我们无法肯定在与欧洲人接触之前，有多少人生活在夏威夷，但他们先进的农业系统养活了少则数十万，多则一百万人。这种种植方式使得人们拥有大量自由时间。夏威夷丰富多彩的歌曲、故事和舞蹈文化就是以营养丰富的作物为支柱，尤其是芋头球茎和以此为原料的奶油芋

195

① 味道非常好。

泥。每个阿胡普阿阿都种植芋头，最好是在洛伊或高地森林的背阴处。芋头是夏威夷文化的核心，也在当地神话中扮演着重要角色。夏威夷人把这种植物当作祖先，讲述了这样一个故事：天空之父瓦基亚（Wakea）非常爱他最小的女儿、“大地之女”帕帕哈瑙莫库（Papahānaumoku）。二人的第一个女儿哈罗阿－纳卡（Haloa-naka，意为“颤抖的长茎”）胎死腹中，他们便把她球茎状的身体埋在房子的角落里，它在那里长成了第一株芋头。他们的第二个孩子是个男孩，名叫哈罗阿（Haloa），被认为是所有夏威夷人的祖先，他们要求他一直照料哈罗阿－纳卡。作为回报，芋头会养育他们。如今，芋头被烤成美味的面包，炸成芋头片，或做成随处可见的芋泥。

*

伴随着突如其来的阵风，雨过天晴，整座小镇阳光普照。该去吃点夏威夷克里奥尔美食了。我觉得夏威夷食物的悠久历史非常有趣，但我来这里是为了记录欧洲人登陆后出现的美食。夏威夷与其他环太平洋地区隔绝了近500年，随着大航海时代的发展，这些岛屿逐渐成为太平洋上的“十字路口”。1778年，英国探险家詹姆斯·库克（James Cook）抵达夏威夷，仅仅五年后，国王卡美哈梅哈一世（Kamehameha I）借助欧洲的军事技术，统一群岛建立夏威夷王国。统一后的群岛专注于为所有路过的饥饿水手提供食物，将夏威夷的农产品出口到世界各地。种植出口作物成为岛上的主要活动，从根本上改变了当地与外来文化接触前的地貌。美国人到这里建起甘蔗和菠萝种植园，来自日本、中国和菲律宾的移民在田间劳作。到1896年，大岛上25%的人口是日本后裔，最后一座甘蔗种植园直到1996年才关闭。西班牙人带来了木瓜和菠萝，澳洲坚果从澳大利亚引进。种植所有这些作物都是为了送往海外，这也为岛上带来了新的群体。夏威夷群岛上，各种文化融合在一起，形成了一种最有趣的菜系，我们称之为克里奥尔菜系。“克里奥尔”一词源自拉丁语“*creo*”，意为“创造”。克里奥尔菜系是在多元文化共存的地区出现的混合菜系。这种菜系的发展需要几十甚至几百年①。

带着研究助理和一大堆照相设备，我们上路了，第一站是“希洛午餐”（Hilo Lunch），一家经典的夏威夷小食（side-dish）餐厅。这些类似熟食店的餐厅曾经很常见，供应盒装的外带什锦大拼盘。如今这里只剩下为数不多的几家小食店，都位于那些离开种植园的家庭定居的街区。小食店早上非常忙碌，挤满了为即将到来的工作日准备午餐的当地人。建筑工人和穿着商务装的顾客们你推我搡，挤在一处挑选淀粉类食物——可以是饭团、米饭、通心粉沙拉、干炒牛河（一种用牛肉、豆芽和米粉炒制的食物），甚至是夏威夷版寿司，比如午餐肉饭团（用太平洋群岛随处可见的罐头午餐肉制成的薄片寿司）。主食上面可选一些经典配菜，比如酱油猪肉、红薯天妇罗、夏威夷盖饭、日本渍物等。所有这些都放进外带盒里。研究助理和我各点了满满一大盒，里面都是看起来很美味的菜肴。

但我们不打算等到中午。对我们来说，这是一顿早午餐。我们在一

---

① 克里奥尔菜系与融合菜系（fusion）不同，融合菜系是指厨师将不一定属于自己的菜系或地区特有的菜系混合在一起。

处海滩上停下来，开始享用美味。食物很顶饱，这是个问题——因为这一天我们还要吃很多东西。我特别喜欢通心粉沙拉和土豆沙拉混在一起，但这么多食物确实把我的胃填得满满当当。沿着海岸向北开，我们一面惊叹着这里的景色，一面又担心起岸边的红色海浪，昨天的暴风雨冲刷过泥土，让海浪染上了这种颜色。夏威夷的农场正在与水蚀做斗争，水从森林中倾泻而下，穿过马路。

我们把车开到霍诺卡（Honokaa），准备下一场“肠胃大挑战”，这是我们第一次尝试夏威夷“午餐盘”（plate lunch）。午餐盘和小食有很多共同之处，也是夏威夷劳动者的主食。它结合了日本便当和美国快餐车，以餐盘形式提供廉价而充足的卡路里。我惦记着芋头，打算在特克斯午餐店点一份芋头汉堡饭。这一餐的量绝对不小。汉堡饭①是在一盘白米饭上放上肉或肉类替代品、煎蛋和棕色肉汁。是的，它确实让我吃得很饱。“肉”可以是午餐肉、烟熏烤猪肉丝、照烧肉、海鲜或芋头（但通常是汉堡肉饼）。这道菜据说是1949年希洛的林肯酒店（Lincoln Inn）为饥肠辘辘的冲浪者推出的，它不仅制作速度快、口感好，而且美味可口。我们在又撑又困的状态下挣扎着回到车上。

“我今天不能再吃东西了。”开回到高速公路上时，我的助手抱怨道。

我想了想，感觉自己或许还能再吃点儿。大概这就是为什么我是一名食品学教授的原因。或许也是为什么我有点胖的原因。我想，剩下的时间或许该去尝尝水果？或者只吃点甜品。芒果已经成熟，每棵树上

① 汉堡饭（loco moco）是现代夏威夷美食的招牌菜。——编注

都挂着沉甸甸的果实，多么神奇。但这些丰富的水果，以及来自世界各地的自助盛宴，并非故事的全部。

夏威夷是一片混乱的天堂。我们现在在岛上看到的是一种“生态殖民”，这是几百年来动植物入侵的结果。这种疯狂的物种混合，突显了我们能从岛上学到的重要教训：它们是灭绝的原点。

导致岛屿物种灭绝的关键因素有二：一是岛屿容易受到入侵物种的影响。以夏威夷为例，物种灭绝几乎在波利尼西亚人到达时就开始了。很快，除了一种本土猛禽，其他所有本地禽类都被杀光，包括世界上唯一不会飞的朱鹭。夏威夷黑雁得以幸存，但这要归功于20世纪中叶之后的密集干预，当时它已经数量骤降，仅存几十只。不会飞的大型鸟类和陆生螃蟹很快就消失了，虽然其中一些物种是夏威夷人的食物，但它们也被波利尼西亚人带来的另一种食物杀光了：猪。猪很快扩散到野外，把鸟蛋当零食吃。考古发掘表明，40种鸟类早在欧洲人到来之前就已消亡。夏威夷的陆地面积仅占美国陆地面积的0.2%，但出现在美国濒危物种名单上的植物和鸟类，有三分之一为夏威夷特有。在全球范围内，情况也很类似。17世纪初以来，67%的哺乳动物灭绝，80%的鸟类灭绝和95%的爬行动物灭绝都发生在岛屿上。

一系列入侵行为写就了夏威夷的生态史。岛屿形成后不久，植物和动物就出现在夏威夷，但岛上足有44%的物种是在欧洲人抵达后到来的入侵者。波利尼西亚人带来了第一个真正可怕的入侵物种——波利尼西亚鼠（*Rattus exulans*），又称太平洋鼠。这个不幸的偷渡者来自东南亚，每当人类探险者想要出海时，它们就会跳上船，随之一起驶向地

199

平线。一旦抵达目的地，这群家伙就会攻击新家园中毫无防备的禽类种群。这种老鼠还以植被为食，很快就摧毁了岛上的低地棕榈林。楼露棕榈（lou‘lu，*Pritchardia kaalae*）① 是一种特别漂亮的扇形棕榈，唯一一棵大楼露棕榈长在莫洛凯岛（Molokai）附近的一座小岛——胡厄洛岛（Huelo）上，那里没有老鼠。为保护鸟类，政府正试图消灭利胡埃岛（Lihue）上的老鼠，但直到我在写这本书时，老鼠仍然是赢家。任何想消灭老鼠的人都可以证明，它们一旦到来，就很难被清除。

夏威夷的大型甘蔗种植园有助于满足全世界对甜食的需求，但也让这片土地付出了高昂的代价。甘蔗使得土壤被耗尽，减少了生物多样性。种植园也为老鼠提供了理想的栖息地，老鼠在甘蔗迷宫中生活，爱吃生长中的甘蔗。当种植者焚烧地里的秸秆时，一拨拨老鼠就会争先恐后地涌出来，奔向下一个目标。作为报复，种植园主在1883年引入了小印度獴（*Urva auropunctata*），这违反了入侵物种的一个关键规则：不要试图用另一个入侵物种来对付它们。獴是一种和小猫差不多大的食肉动物，它们确实会吃啮齿动物。但同时，它们也会以鸟、蛋和其他动物为食。被引入的小印度獴数量剧增，但它们一天中的活动时间与老鼠不同，最终对老鼠数量并没有产生很大影响。虽然甘蔗早已消失，但獴却广泛活动在两个主岛之外的所有小岛上，正是它们将当地特有的夏威夷黑雁推向灭绝的边缘。

200

较小的入侵者也同样具有破坏性。夏威夷远离美国大陆，不可能有

---

① 夏威夷特有的一种棕榈树，生长在海拔760米以上的夏威夷高山上。这种树生长缓慢，已被美国联邦政府列为濒危物种，野生个体仅存不到130棵。——编注

蚊子，所以波利尼西亚人晚上可以懒洋洋地躺在户外，耳朵里听不到嗡嗡的高亢歌声。可惜好景不长。1826年，从墨西哥圣布拉斯（San Blas）出发的“惠灵顿”号帆船抵达拉海纳港（Lahaina），清洗水桶时，船员卸下了一种南方家蚊——致倦库蚊的幼虫。很快，夏威夷的夜晚蚊子遍地，它们的到来对鸟类种群造成了二次伤害：蚊子携带鸟类疟疾。岛上一半的低地鸟类已经灭绝，很大程度上是因为蚊子。

波利尼西亚人引入的猪使问题变得更加严重。放养在岛上的猪很快变得凶猛而野性十足，严重破坏了岛上稀有的蕨类森林。这里的森林是神奇的所在。树木大小的蕨类植物高耸入云，绿意与雾气交叠。由于森林坐落在熔岩土壤上，排水性很好，所以这里没有太多的蚊子栖息地。但猪喜欢推倒蕨类植物，啃食树的木髓。倒下的原木上，空洞积满了水，成了蚊子的便宜之家。

来自植物世界的入侵同样具有破坏性，许多最具破坏性的植物是被特意带到岛上的，包括草莓番石榴。1825年，这种植物作为水果和维生素C的来源被引入岛屿，随即在岛上疯狂蔓延。它们形成成荫的灌木丛，扎下密密麻麻的细根，挤走了当地的特有植物。草莓番石榴就是植物学家所谓“转变物种”（transformer species）的典型例证，它们能按照自己的喜好塑造森林。这种植物的种子在鸟类的消化道中也能存活，时至今日，它们已经覆盖了夏威夷数十万英亩的土地。目前，州政府正考虑释放一种来自巴西的昆虫来控制当地草莓番石榴的生长。希望这种做法不会带来更多意想不到的后果。

201

草莓番石榴被引入的时候，各国政府正在世界范围内积极寻找有用的植物进口，以获取经济利益。事实上，政府专门成立了完整的分支机构，在全世界搜寻、带回有用的植物。在美国，农业部“外国种子和植物引进办公室”成立于1898年，国会拨款两万美元用于从国外获取植物。主管大卫·费尔柴尔德（David Fairchild）派遣包括弗兰克·梅尔在内的科学探险家前往世界各地，在接下来的半个世纪里，他们为美国引进了20万个物种和栽培种。这些植物中有些确实非常有用，比如硬质冬小麦和大豆，但其他一些植物却让田野和森林充斥着“绿色入侵”。最近的一项研究发现，美国80％的木本入侵者都是本着良好的初衷而被专门释放出来的。迄今为止，仅美国就引入了超过25万个物种。

这让我想起了丹的青蛙。他的团队正在研究树蛙（coquī），属于卵齿蟾属的一种。它们原产于波多黎各，是集万千宠爱的国家象征，却面临着数量减少的悲惨困境。波多黎各树蛙的个头很小，相当其貌不扬——至少在太阳下山之前是这样的。然而，当太阳落山，雄树蛙就会一遍又一遍地呼喊着自己的名字：“co-quī，co-quī，co-quī……”森林里充斥着“呱呱”“啸啸”的声音。

我建议读者花点时间，上网搜索一下树蛙的的叫声来烘托一下气202氛。它们的动静很大，对吧？树蛙的叫声可达70到80分贝，差不多相当于割草机的声量。唱歌是为了交配，也为了标记自己的领地，热带的空气中充斥着它们奇特的异域民谣。

树蛙到来之前，夏威夷森林的夜晚万籁俱寂，想在晚上睡个好觉的夏威夷人可能对这种状态非常满意。20世纪80年代，一些流浪的树蛙来到夏威夷岛，很可能是随着一些植物物种来的。虽然它们在波多黎各很受欢迎，但也面临着一系列掠食者的威胁，种群数量因此受限。蛇尤其喜欢吃树蛙。但夏威夷没有蛇，最初的几只树蛙在岛上找到了天堂，这里有很多可以食用的昆虫，还有大量潮湿之处可以藏身。波多黎各树蛙没有蝌蚪期，这是它们得以在池塘稀少的岛屿上生存下来的关键优势。它们在这里唱响求偶之歌，很快，最初零星的歌声里汇入了更多和声。大岛的一英亩森林中曾发现过9万只树蛙，难怪这里的夜晚不再宁静。2005年，希洛市市长宣布，他们的国家首次进入“青蛙告急状态”。

目前尚不清楚树蛙对夏威夷生态系统的影响。通常，这种大规模入侵的影响在几十年后才会全面显现出来。有些人担心树蛙会与鸟类和蝙蝠争夺昆虫，但我们还不能确定。从人类角度来看，树蛙对大岛的致命影响在于：房地产市场。人们搬到这里，是因为岛上安静温和的气候，并不想关上窗户来屏蔽青蛙的尖叫。房产信息披露表通常会注明结构性等问题，但现在有了一个新选项，买家必须打钩，确认他们已经意识到树蛙泛滥的问题。在还没有被树蛙侵占的地区，邻居们在黑暗的街道上徘徊，寻找这种独特的声音。其他人则边喷边祈祷，将柠檬酸喷向黑暗的森林。柠檬酸对环境相当安全，但可以杀死树蛙和蛙卵。不过这是座大岛，将硬币大小的青蛙彻底清除的可能性并不大。与此同时，人们开始适应噪音。就我个人而言，我觉得只要关上一点窗户，就会发现树蛙的声音颇能抚慰人心。

203

*

随着旅程的进展，我们都适应了在阵雨间歇抓紧工作。研究完成后，丹和我决定休息一下午，一起去买刨冰。刨冰的制作方法是这样的：用刀片从冰块上刮下“雪花”，塑成圆锥体，让它吸饱调味糖浆和炼乳。成品口感轻薄但有饱腹感，口味富有鲜明的地方风味，比如番石榴、菠萝、荔枝和椰子味。刨冰摊还出售果脯，这种甜食是随中国农民传入夏威夷的。果脯是腌渍的水果，将果实切开露出果核，再涂上糖、盐和香料，口味有酸有甜，还有咸味的。我喜欢八角味的干话梅，吃起来很有嚼劲。

品尝岛上美食，不仅能了解很多关于夏威夷克里奥尔菜系的知识，还能从丹那里“速成”岛屿生物地理学课程，了解关于岛屿物种组成和丰富度的研究。岛屿是广阔世界的缩影，是浩瀚海洋中微小的生命胶囊。许多早期植物学家和生物学家都意识到岛屿的特殊性质。达尔文在加拉帕戈斯群岛（Galapagos）构想出他最重要的思想。但是，我们对这些独特生态系统的理解是后来才正式形成的。1967年，罗伯特·麦克阿瑟（Robert MacArthur）和爱德华·O. 威尔逊（Edward O. Wilson）撰写204了《岛屿生物地理学理论》（*Theory of Island Biogeography*）。他们的目标是预测一座岛屿上可发现的物种数量，并确定岛屿大小及其与其他陆块之间的距离是如何影响物种数量的。他们还想弄清楚，为什么岛屿面积每翻一番，物种数量往往会增加十倍，为什么面积如此重要？他们从空岛（比如新出现的夏威夷岛）开启思想实验，计算一个新物种迁移到空岛的频率，之后再测算岛上物种灭绝的频率。这两个因素的比率被称为物种周转率（species turnover）。

麦克阿瑟和威尔逊预测，物种丰富度，即一个生态群落中呈现的不同物种数量，将随着时间的推移稳定在一个与岛屿大小及与其他陆块距离相关的数字上。较大的岛屿有更多物种，因为每个物种的数量更多，而数量多就不太可能灭绝。距离是一个因素，偏远的岛屿不太可能居住着大量物种，因为要抵达那里简直难上加难。如果一座岛屿的物种数量与另一块拥有类似物种的大陆足够接近，偶尔会有新的物种抵达海岸，这一因素被称为拯救效应（rescue effect），因为新物种的到来会增加现有的物种数量。随着时间的推移，岛屿会达到平衡。

《岛屿生物地理学理论》还指出了一种被称为“特有种”（endemism）的奇怪属性，指一个地方或区域的独特性。以达尔文为例，他注意到在加拉帕戈斯群岛中，每座小岛上的雀类都略有不同。他意识到，每种雀类都适应了特定的岛屿。岛屿越古老，特有种就越多。让我们回想一下渡渡鸟，它的祖先在飞到毛里求斯岛后，随着每一代的进化，渡渡鸟适应了那里的环境。由于没有天敌，它们失去了飞行的能力，喙也长得足够大，可以咬开岛上能找到的坚果和坚硬的种子。因为其他地方没有同样的情况，所以也就没有渡渡鸟。

205

夏威夷群岛还很年轻。尽管越古老的岛屿特有种率越高，但夏威夷森林仍然养活了许多只能在这里生存的物种。岛上生命的另一种奇怪影响是，大型物种往往会变小，而一些小型物种则长得更大。比如，夏威夷蜗牛和兔子一样大，而且颜色鲜艳。它正遭受着栖息地丧失和入侵物种的威胁。

岛屿生物地理学的另一个关键要素被称为集合种群理论，这个词听起来复杂，其实内涵很简单。想想夏威夷群岛。每座岛屿都是茫茫大海上的一块“碎片栖息地”，每块栖息地都比较小，生活在那里的每一个物种数量也比较少。在任何一座岛屿上，由疾病或环境变化引发物种数量随机波动，都很容易导致物种灭绝。然而，如果这个种群在其他岛屿上还存在，它们很有可能会在那些空岛上重新繁衍。

简言之，集合种群理论认为，拥有几小块栖息地要远远好于只有一小块栖息地，只要这几小块陆地之间离得很近就好。对一个物种来说，生活在群岛上比生活在孤岛上要好。这个概念是在生态学家理查德·莱文斯（Richard Levins）1969年提出的原始理论基础上发展起来的，但直到大陆上的栖息地也开始变得支离破碎，人们才真正理解了它。

*

岛屿灭绝到底有多严重？再举几个例子，以便说明自人类学会乘船横渡大片水域以来，物种损失到底有多严重。海龟是现存最古老的动物之一，面对饥饿的水手，它们的境况尤其糟糕。平塔岛（Pinta）失去了象龟，加拉帕戈斯群岛失去了15种龟类物种中的4种，留尼汪岛（Réunion）失去了象龟，毛里求斯也失去了两种龟。它们很容易被捕获，能在船上存活，成为长途航行中重要的食物来源。

206

北大西洋的大海雀也成了饥饿水手的猎物。它们身高近1米，体重约4.5公斤，会成群结队地在容易捕到鱼的小岩岛上筑巢。在纽芬兰附近，有近10万只大海雀在芬克岛筑巢，而这座岛屿的面积仅仅略大于四分之一平方公里。大海雀没有天敌，也不会飞，可以预见它们会被人类大规模猎杀，以获取食物、蛋和羽毛。包括雅克·卡蒂埃（Jacques Cartier）在内的早期探险家都只带很少的粮食，因为他们知道，从北美洲返回家园时，甲板上会装满海雀、鸟蛋和类似的生物。他们只要把这些生物赶上船，就可以轻而易举抓住它们。他们很可能还把老鼠引入了海雀筑巢的小岛，结果可想而知地令人沮丧。到了19世纪，水手们猜测，海雀想必无法继续存活。1844年6月3日，最后一个海雀种群在冰岛附近的埃尔德岛（Elday）上被消灭了。

曾经郁郁葱葱的复活节岛上发生的可怕生态破坏，也让我们从中吸取了教训。波利尼西亚人在公元800年至1200年间来到这里，在这片不大却肥沃的土地上繁衍生息，称自己和这座岛屿为“拉帕努伊”（Rapa Nui）。他们务农并养鸡，用当地高大的木材（包括拉帕努伊棕榈）建造远洋船只。到17世纪，我们认为岛上有1.5万人，他们以摩艾石像（moai）闻名于世，这是一种用火山岩雕刻而成的巨大石像，矗立在岛上。但到1722年，当欧洲人第一次到访这些岛屿时，森林已被摧毁，当地人口锐减至两三千。这时岛上已经失去了40个物种，包括5种陆禽。我们认为波利尼西亚人也把老鼠带到了这里，啮齿动物摧毁了大量鸟类和棕榈树。拉帕努伊棕榈（*Paschalococos disperta*）又称复活节岛棕榈树，对该岛的文化至关重要，因为如果没有它，波利尼西亚人就无法造船。岛民们被困在垂死的生态系统中，文化演变为战争，只有几百人幸

207

存下来。即使是现在，复活节岛的生态系统仍然笼罩在过去的阴影中。

在新西兰，保护岛屿生态系统的斗争正在全面展开。第一次抵达奥克兰机场时，我被仔细盘问了可能带上岛的所有生物材料，当时我周围的背包客们也都交出了野营装备，接受检查和清洁。旅行者们要掏空口袋里不确定的食物，刮去靴子上的异域泥土。新西兰人有理由如此谨慎和重视，因为岛上的生态系统在与世隔绝的环境下蓬勃发展。700年前，波利尼西亚人就注意到了长白云，表明这里有一个重要岛屿的存在。当毛利人的独木舟在新西兰的海滩登陆时，他们发现了一个以蕨类植物和鸟类为主的世界，岛上的很多物种是在其他地方找不到的。在与外界接触之前，岛上有245个物种，其中71种是本地特有的。这些奇妙的物种很多至今仍在，但遗憾的是，至少三分之一的新西兰鸟类和蝙蝠物种在与外界接触后灭绝，还有三分之一要么正濒临灭绝，要么已经流落到偏远小岛。广阔的蕨类森林十不存一，而这些森林曾是鸟儿们的栖息地，主要由9种不会飞的大型鸟类——恐鸟主宰。我还记得第一次在大英博物馆看到的恐鸟骨架，那个巨大的生物隐约浮现在角落里。

208 “它看起来像‘大鸟’①。”我随意嘟囔着。那的确是一只大鸟。体形最大的恐鸟高达4.8米，十分罕见。它们是森林鸟类，大约出现在一百万年前。这种鸟以香草和浆果为食，主要生活在海拔较高的地区。它们唯一的天敌是哈斯特鹰，一种翼展可达3米的巨鸟，这种鸟现在也已经灭绝了。

---

① 指美国儿童电视节目《芝麻街》（*Sesame Street*）中的角色“大鸟”（BIG BIRD），一只2.5米高的亮黄色大鸟。——译注

恐鸟对毛利人来说是一种简单而美味的猎物。他们很可能在短短一个世纪左右的时间里，就将这个物种赶尽杀绝。他们会用土坑烘烤（hāngi）来烤制恐鸟。没有一个欧洲人确认自己看到过活的恐鸟，大多数人都不相信毛利人对这种巨型鸟的口头描述。1889年，一名新西兰波弗蒂湾（Poverty Bay）的定居者终于把一块骨头送回英国，这块骨头最终到了生物学家理查德·欧文（Richard Owen）手中。在与许多其他物种比较之后，欧文最终勉强得出结论：恐鸟确实存在（他曾对这种大鸟的存在持怀疑态度）。欧文协助创办了大英自然历史博物馆，负责照看恐鸟的骨骼①。这给我们上了显见的一课：在岛上做一只不会飞的鸟是有好处的，直到这种好处不复存在。恐鸟体形巨大，它们不需要飞到空中，就可以无所畏惧地在森林里吃草，直到饥饿的人类到来。

我在夏威夷学到了两件事。第一，岛屿特别容易遭遇物种入侵，往往是更坚韧、适应性更强的物种最终会获胜。第二，与之相关的是，岛屿上的特有种群数量稀少，很容易因狩猎、竞争或栖息地丧失而灭绝。

这两个经验对所有物种都有影响。虽然这些问题对世界各地的岛屿都至关重要，但它们还有更大、更危险的含义。陆生物种只有在其大陆栖息地基本不受干扰的情况下，才能免受这两种连锁效应的影响。但我们知道，大陆不可能不受干扰。地球上40％的陆地用于耕种和放牧，另外4％被不断扩大的城市覆盖。在人类世时代，大陆生态系统分裂成由小块残存自然生境组成的群岛。实际上，我们正通过一个被称为生境

209

① 也是他创造了“恐龙”一词。

破碎化（Habitat fragmentation）的过程创造新的岛屿。生境破碎化是指完整的生境被改良的栖息地和人为边界所包围。生境破碎化是灭绝的主要原因之一，这与岛屿生物地理学提出的原因相同。较小面积的栖息地可以维持较少的物种，每个物种中仅有较少的个体。此外，对一些物种构成阻碍的事物，比如高速公路和人类居住区，却为入侵物种的传播提供了途径。

但我们也可以借鉴岛屿的经验来更好地管理生境破碎化。大地块好过小地块，多地块集群优于单个地块。归根结底，岛屿可能教会我们如何在大陆上保护生物多样性，包括食物物种的生物多样性。

*

“你会喜欢这个的。”丹笑着说。他把我从租来的房子里赶了出去，让我到镇上逛逛。他的团队已经同意，完全基于入侵物种制作下一次“绝世美味”。

“我为这只烤野猪骄傲。我们是在后面的一个坑里烤的。我想我们的押金是拿不回来了，但我们会给房东留一些剩菜，希望一切都没问题。”

210

猪占据了我们小小的餐桌，还有其他被烹制好的入侵作物。有番石榴挞和新鲜木瓜。丹把菠萝烤成了酥脆的焦糖色。学生们做了一种椰子饮料，闻起来似乎有朗姆酒的味道。桌上还点缀着小碟澳洲坚果。还有闪闪发亮的紫色芋泥。

“你们做了夏威夷芋泥①？”

---

① 夏威夷芋泥（Poi），夏威夷传统主食，用杵在木板上捣碎煮熟的芋头，不断加水，直至将芋头捣至理想的黏稠度。这些芋泥可以在新鲜时食用，也可以发酵变酸后食用。——编注

“没有，那太费劲了。我试了一下，被酸剂灼伤了手。芋头的球茎上长满了有毒的茸毛。我们买了点现成的，经过了适当的发酵。我把失败的尝试埋在院子里了。”

我笑了，假装没听见他说的最后一句话。

芋泥看起来就像是用来做紫色蛋糕的面糊。它的味道出人意料。生芋头吃起来是甜的，但被煮熟、捣碎的球茎很快开始发酵，产生一种复杂的酸味，单吃或搭配其他菜肴都很美味。这是一种常见的乳杆菌发酵，由天然酵母和常见的地霉辅助完成。那堆黏糊糊的紫糊糊经历了许多，才成为现在的样子。说实话，野猪肉对我来说野味太重，水果和芋泥的味道却恰到好处，与夏威夷小食、汉堡饭、刨冰和过去一周内我吃过的其他东西都很搭。

“没有青蛙吗，丹？”

他放下手里的猪肉。“这次没有。青蛙太小了，真的。它们也许有毒，而且你知道…… 我有点喜欢上它们了。”

饭吃完了，盘子洗好了，设备也被装进旅行箱，我们准备第二天飞回美洲大陆。丹和我决定再去散一次步。完成了我们的工作，是时候尝尝卡瓦醉椒（*Piper methystticum*）了。这种东西也叫夏威夷阿瓦（Hawaiian ‘awa），以汤加语中“苦”一词命名。数千年来，卡瓦（“awa”或“kava”，取决于所在的岛屿）根部的汁液一直是波利尼西亚和美拉尼西亚人的首选麻醉剂。这是一种独木舟植物，我想波利尼西亚人一定格外小心，确保它在旅途中存活下来。这个物种在排水性良好的火山土壤中茁壮成长，也需要背阴和强降雨。

211

卡瓦醉椒是种不寻常的植物，因为它完全是由扦插繁育的。这种植物的雌花非常罕见，没有已知的授粉媒介，就算手工授粉也不会结果。在波利尼西亚，人们精心培育、准备卡瓦醉椒，并在晚上饮用。人们喝着卡瓦醉椒水开会，政治会谈中也有它的身影。基督教传教士曾一度禁止饮用这种饮料，而这种有股脏水味道的辣味饮料正在复兴。在一些禁酒令持续时间过久的岛屿上，卡瓦醉椒的栽培种已经绝迹了。没有种植卡瓦醉椒的农民来繁育和传播这种作物，当最后几株植物寿终正寝，这个物种也随之消亡。不过在夏威夷，卡瓦醉椒仍然存在，人们在芋头地和山地空间上种植它们，用来生吃。随着植物的生长，其根部会产生高浓度的卡瓦内酯，能改变人类大脑中的化学成分，放松肌肉，从而带来轻微的快感。所谓的优质栽培种有特别令人愉悦的效果，而且没有副作用。卡瓦醉椒的根部要生长至少四年后才能被采收。人们将其捣成湿糊状，等汁水渗出，制成的饮料被放在一个大的公共容器中。每一份饮料都用椰子壳盛着，人们几口就能喝完，因为品尝味道并不是重点。

丹和我从“卡瓦戴夫”(Kava Dave)那里买了几份卡瓦醉椒水，他是海湾卡瓦吧的老板，一个非常友善且极其悠闲的人。戴夫是一名退休的橙汁调剂师，现在把时间花在种植和销售这种神圣的液体上。他的卡瓦醉椒水丝毫没有脏水味，干净又辛辣。几份醉椒水下肚，我开始对周围的环境变得非常敏感。我注意到脚下的凳子和头顶的吊扇，注意到远处的蛙鸣。我感觉自己虽然置身于戴夫这间色彩鲜艳的酒吧，却仿佛既不完全是在室内，也不完全是在室外。我开始触摸周围生长的深绿色植物。我能听到丹和戴夫在离我只有几米远的地方谈论着水果，但我觉得

212

自己好像离他们很远。我感到温暖而快乐。

卡瓦有镇静、麻醉和令人愉悦的特性，果不其然，我快乐又放松，感觉不到疼痛。严格来说，卡瓦内酯抑制了我大脑中去甲肾上腺素和多巴胺的再摄取，让我的大脑慢慢充满快乐的化学物质。我找了个借口，昏昏沉沉地“漂”回住处，躺在床上，进入了一个色彩鲜艳的梦境世界，梦里有芋头、卡瓦醉椒、精致的小鸟、黑沙上的乌龟和灌木丛里的咖啡豆。

我一边神游一边想，我们失去的东西太多了。我们失去的太多，能挽救它们的时间却太少。外面的花园里，蛙声一片。

第 四 部

暮色花园

第十一章

蜂蜜与玫瑰

我们小心翼翼地穿过花草海滩（Botanical Beach）的砂岩峭壁，这片崎岖的岩石地貌，一直延伸到不列颠哥伦比亚海岸的海水中。艳阳高照，风把太平洋的海水吹得起了沫，浪花溅了我们一身。这里无法蹚水，因为海水冷得出奇。海里也满是美味。在这个寒冷秋日，我们在海滩上研究潮间带①食物的秘密。

花草海滩的这片水域历史悠久，吸引着不少好奇的教授。1900年，明尼苏达大学海洋生物学家约瑟芬·蒂尔登（Josephine Tilden）来到不列颠哥伦比亚省西海岸。她被花草海滩砂岩空洞中丰富的海洋生物迷住了，在这里建立了一座海洋站。在长达七年的时间里，学生们乘着蒸汽船从维多利亚到附近的伦弗鲁港（Port Renfrew），再沿着一条又长又滑

① 潮间带是介于高潮线和低潮线之间的区域。涨潮时，潮间带被水淹没；退潮时，潮间带露出水面。—— 译注

的小径穿过森林，沿海岸线一路而下。蒂尔登是陆地与海洋边缘生物研
216 究的世界级专家，她在花草海滩的实验帮助我们形成了对海洋生物学的认识。蒂尔登也是明尼苏达大学的第一位女性科学家，相较于在校园日常工作中遇到的男性沙文主义，她更乐于享受与野外工作的学生们之间志趣相投的友情。他们花了好几个夏天研究海星、海葵、藤壶、蜗牛和贻贝。最终，学校突然拒绝支付他们在另一个国家维持野外研究站的经费，在与系主任争辩许久后，蒂尔登离开了大学。她带着自己的样本，在明尼苏达州自家的一楼建了一座实验室。不列颠哥伦比亚省的藻类和贝类帮助她加深了对神秘世界海洋的了解。

一个多世纪后，我们仍然有很多东西要学。

“这些蓝色贻贝很好吃。它们生长在这里的岩石上，位于潮间带下部，是在冬季可安全食用的食物，我喜欢把它们放在柴火上蒸熟。我会把它们直接放进火里，再盖上湿海藻。”在维多利亚当厨师的老朋友阿普丽尔解释道。

我们终于开始了推迟已久的旅行，拍摄了一些当地的潮间带美食照片。我们原本希望春天时去，因为春天有时可以找到“卡奥”（ka‘aw），这种当地特色食物是长海带上的鲱鱼子。但那时我阑尾炎发作，阿普丽尔慷慨地改期，还给我上了一堂贝类速成课，因为只有在鲱鱼产卵的时节才有卡奥。

“如果你用勺子轻敲它们，健康的贻贝就会紧紧闭合。我捡的都是中等大小的。”

我在海浪撞击的间隙抓拍了几张照片，努力让盐雾远离镜头。

“这里发现的大部分海藻都可以吃，”阿普丽尔继续说，“生长在海滩最低处的紫色杂草叫掌状红皮藻。我捡一点，一会儿用。” 217

“我在新不伦瑞克（New Brunswick）东海岸研究过掌状红皮藻。我喜欢把它晒干，磨成粉，代替盐。”

“没错，又咸又辣。我多找点儿，做晚饭的配菜。”阿普丽尔说着，小心翼翼地靠近海浪，把掌状红皮藻装进一个小包。

我的肚子咕噜咕噜叫得很大声：“我现在已经很饿了。”

“该吃点午饭了。”

回到海滩，我们在一排圆木和岩石后面找到一处避风的地方。野玫瑰沿着森林的边缘生长，枝干上结着坚硬多节的玫瑰果。如今，这种果实仍被当作营养品，当地人会采摘玫瑰果，用它煮茶、做果冻。我看到一只大黄蜂依偎在一朵晚开的玫瑰中，释出一团花粉，又继续前进。玫瑰并不挑剔。蜜蜂、蝴蝶和飞蛾都能为它们授粉。必要时，风也可以。

授粉动物的潜在灭绝是全球粮食系统面临的最大威胁之一。完成对水果的研究后，我就一直在观察蜜蜂。经过一片片花丛时，我总会寻找它们，看看它们忙碌的身影。我也很担心它们。在世界各地，蜜蜂都陷入了困境。

我们打开了一份豪华三明治、一些橄榄和水果，食物与玫瑰花香相得益彰。不时有风吹过，最后一季花朵上挤满了大黄蜂，在花间嗡嗡地飞舞，忙着劳作。我们边吃边聊，谈着与贝类有关的话题。吃掉了最后 218 几颗橄榄，太阳隐没在云后。我打了个寒战，把身子深深埋进大衣里。阿普丽尔皱了皱眉。

“我觉得我们该动身了。我知道一个你会很喜欢的地方，在室内。”

我点点头，尽量装出若无其事的样子，开始收拾我们的野餐。蜜蜂继续着它们的工作，在冬天来临之前争相采集花粉。

我们把车停在一座整洁的农场旁，走上一条碎石路，小路两旁种满了郁郁葱葱的草木和鲜花。虫儿在天空中嗡嗡作响。我望着蜜蜂从植物园飞向蜂巢，目送它们沿着整齐的蜂线飞舞，打算好好利用这干爽凉快的一天。随后，我们走进塔格威尔溪蜂蜜农场（Tugwell Creek Honey Farm），在一张凳子上坐下来。这家农场是不列颠哥伦比亚省最古老的蜂蜜酒生产商。蜂蜜酒是一种古老的酒精饮料，用水和蜂蜜酿造，靠蜂蜜自身的酵母发酵。农场主罗伯特·利普特罗特（Robert Liptrot）一生都在与蜜蜂打交道，他小时候就在温哥华东区帮忙照料过他的第一个蜂巢。利普特罗特已经和蜂蜜酒打了近40年的交道，他和伴侣在不列颠哥伦比亚省苏克附近的农场里有一百多个蜂巢。品酒室的天花板很低，在这里，我们开始品尝一系列琥珀色的酒，从干爽清淡的二次发酵蜂蜜酒，到滋味甜蜜、果味浓郁的甜点蜂蜜酒。几口下肚，一股怡人的暖意便驱散了太平洋带来的最后一丝寒意。我品尝到了热度和花香，在那一刻完全忘记了即将来临的冬天。

人们对酒的热爱跨越千年，遍及全球大部分地区，酒也与地理景观有着深切的关联。想象一下，在雪夜的日本温泉里啜饮一杯清酒，或是在法国波尔多起伏的山峦之下品尝沉睡在地窖里的葡萄酒，又或者在一间舒适的酒吧，坐在壁炉边啜饮来自苏格兰荒野的威士忌。这样的例子

可以写满一整本书[①]，但在讲其他酒之前，让我们先从蜂蜜酒开始。这 219
是一种众神和英雄配享的神奇之酒，也是皇室的饮品。

在有蜂蜜酒之前，必须先有蜂蜜；在有蜂蜜之前，必须先有蜜蜂。蜜蜂属于蜜蜂属（*Apis*），这个词在拉丁语中就是蜜蜂的意思。蜜蜂属有7个不同种和44个亚种。它们都产蜜，但却是非常不同的生物。大蜜蜂是巨蜜蜂亚属的露天筑巢“巨人族”，小蜜蜂和小黑蜜蜂则是小蜜蜂亚属的单巢脾“小矮蜂”。我们了解最多的是西方蜜蜂。它们组建规模庞大的蜂群，酿造出大量美味蜂蜜，是自然界中最浓缩的糖类来源之一。在人类历史上的大部分时期，我们都对蜜蜂着迷。

蜜蜂生长在繁花似锦的世界里。它们从约1.3亿年前白垩纪冈瓦纳古陆[②]上的短舌黄蜂进化而来。后来，冈瓦纳古陆分裂成我们现在所知的几块大陆，黄蜂也随之被带往世界各地。它们开始适应产花粉植物的需要，变得茸毛更密（方便捕获花粉）、舌头更长（方便接触到花蜜）。蜜蜂大约在3500万年前出现，发展出了复杂的社会结构和先进的筑巢方式。我们认为大多数蜜蜂最初来自南亚，但这不是我们所喜爱的西方蜜蜂。西方蜜蜂出现在北非，在100万年前从其他蜜蜂种中分离出来。

蜜蜂有很多亲缘动物。世界各地约有1.9万个“类蜜蜂”物种。但其中只有4000种产蜜，而且只有蜜蜂属的物种使用集中的蜂蜡巢房储

---

① 想必这会是一本令人愉悦的鸿篇巨制。

② 冈瓦纳古陆存在于新元古代至侏罗纪前期（约5.73亿至1.8亿年前），包括今南美洲、非洲、澳大利亚、南极洲及印度半岛和阿拉伯半岛，在中生代，冈瓦纳古陆逐渐破裂。—— 编注

220 存蜂蜜。大约有500种无刺蜂也产蜜，它们将蜂蜜储存在用蜂蜡制成的小“罐子”中。收集和提取这些小滴蜂蜜虽然不是不可能，但也比较困难。玛雅人能生产这种蜂蜜，将这种被他们称为“梅利波纳蜂蜜”的东西作为上流社会的奢侈品。即使在今天，我们仍然可以找到非常少量的梅利波纳蜂蜜，据说这种蜜要比普通蜜蜂酿的蜜好。得到这种蜂蜜的过程中，涉及的工作量足以令人望而却步。在过去的几十年里，南美洲和中美洲养蜂人饲养的梅利波纳蜂群数量减少了90%。

相比之下，普通蜜蜂能大量产蜜。它们生活在多达六万只蜜蜂的蜂群中，由一只蜂后、数量可变的工蜂和几千只雄蜂组成。蜂后离开蜂巢进行一次交配，在体内储存足够一生使用的精子。蜜蜂表现出复杂的劳动分工，根据年龄和群体需求承担任务。有些蜜蜂采蜜，有些蜜蜂制蜡。有些照顾幼蜂，有些看守蜂巢。总共约有12种分工。工蜂要飞行数千公里才能酿出一公斤蜂蜜，为了采集花蜜、花粉和水，它们一次需要飞行足足三公里。每个蜂巢控制着大约32平方公里的领地，还有自己独特的信息素。不觅食的蜜蜂留在家里建造、清理和保护蜂巢，当然也会把花蜜变成蜂蜜。蜜蜂的典型特征是合作。

西方蜜蜂之所以重要，部分原因在于它们的性情。它们的产蜜量极大，比非洲种和亚洲种更温驯。所有的蜜蜂都有一种复杂的舞蹈语言，用来表达情感、传递指令。工蜂个体的寿命约为六周，但蜂巢可以存留 221 几个世纪。它们是一个超级有机体，化零为整在花粉飞扬的夏日午后翩翩起舞。夏天对蜜蜂来说至关重要，它们跳舞时毫不懈怠。蜜蜂必须在夏天酿蜜，因为一旦气温下降到10摄氏度以下，它们就不能飞行了。

为了在冬天生存，蜂群会在蜂房内形成一个紧密的球，靠啜饮蜂蜜来获取热量。

蜜蜂将花蜜反刍到蜂蜡巢室中，通过扇风蒸发多余的水分，直到含水量达到17%至18%，从而将花蜜转化为蜂蜜。蜂蜜中含有约38%的果糖、31%的葡萄糖和7%的麦芽糖，还含有赋予蜂蜜独特风味的微量元素和营养物质。蜂蜜是一种过冷液体，有时会意外凝固成半透明的玻璃状。如果你桌上的蜂蜜发生了这种情况，只需简单加热即可，蜜蜂也会用同样的技术来保存自己的“储备粮”。即使在冬天，蜂巢也像夏日一样温暖。蜂巢里的蜂蜡是由蜂蜜制成的。工蜂的腺体可以将蜂蜜转化为蜂蜡，它们将蜂蜡咀嚼至变软，再放入蜂巢。

我们对蜂蜜的渴望由来已久。很久很久以前，人类就开始寻找蜂蜜，冒着被成群的蜜蜂蜇伤的危险，去抢夺天然蜂巢。人们在西班牙瓦伦西亚（Valencia）的“蜘蛛洞”（Cuevas de la Araña）中发现了一幅八千年前的岩画，描绘了一队蜜蜂猎人用绳索抢夺悬崖上的蜂巢的情境。画面中，异常愤怒的蜜蜂将一个女人团团围住，她正从蜂巢中割下蜂房，把它装进葫芦里。五千年后在印度发现的另一幅画中，也有一队类似的采蜜人在洞穴里收集蜂巢。在非洲，猎人与被称为向蜜鸟的鸟类合作。这些鸟自己扛不住蜇，便把人类和蜜獾带到蜂巢，让哺乳动物来收集蜂蜜，再从蜜獾和人类手里换取报酬。非洲有一个古老的故事，讲的是一位贪婪的蜂蜜猎人欺骗了他的向蜜鸟。下次去打猎时，向蜜鸟没有把他带到蜂巢，而是带到了一头豹子面前。 222

考虑到采蜜带来的风险，人类开始尝试把蜂蜜带到自己身边也就不足为奇了。然而蜂群并不是真的能被驯化。人类更擅长的是成为最好的蜂房“房东”。不知是谁先为一群蜜蜂建起了家园。也许是非洲的蜂蜜猎人厌倦了被忘恩负义的鸟儿带到豹子面前，他们开始制作树皮容器，用小蜂巢做诱饵。猎人们注意到，随着夏天的到来，蜜蜂会用蜂蜜填满它们的野生蜂房，一个蜂群有时会出现分裂，新的蜂后会带走一部分蜂房，形成分蜂。如果猎人准备好了树皮蜂巢，这个被称为离巢蜂群的新蜂群，就有可能在这个手工制作的房子里安家落户，逗留一段时间。世界各地的考古发掘中都发现了树皮蜂巢。蜂巢惊人的产蜜能力能使古代人善加利用这种神奇特质。蜂蜜几乎可以无限期保存，每克蜂蜜富含的热量比自然界中任何食物都要多。它还具有抗菌作用，这也使得蜂蜜成为最早的有效外用药之一。

*

爱吃蜂蜜的埃及人是第一个突破树皮蜂巢技术的民族。他们相信蜜蜂是众神的使者，认为蜜蜂非常重要，埃及统治者甚至为此把王国划分为南方芦苇地和北方蜜蜂地。他们用两种技术来控制蜜蜂——一是用芦苇编织蜂巢，二是制作陶罐来为蜜蜂提供庇护。埃及人发现，烟雾能使蜜蜂平静下来、退散开去，这大大减少了养蜂人偷蜜时被蜇的次数。他们学会了如何在不杀死蜂群的情况下获取蜂蜜：引诱工蜂和蜂后进入新蜂巢，同时夺走旧蜂巢来取蜜。他们在两个蜂巢间架起一座小木桥，把蜂蜜放在新蜂巢中做诱饵。后来的某个时刻，他们弄清了蜜蜂、花朵和水果生产之间的联系，开始追随花期，用驳船运送蜂房，在尼罗河上下游迁移。埃及人用蜂房和蜜蜂图案装饰自己的坟墓。拉美西斯三世（Ramses III）曾向尼罗河神哈匹（Hapi）进贡21000罐蜂蜜。他们还将蜂蜜作为食品和药物，也用作美容和尸体防腐的原料。蜂蜜罐也会被留在埃及人的坟墓中，作为来世的食物。其中一些罐子在炎热干燥的埃及沙漠中得以保存下来，至今仍可食用。

希腊人也崇拜蜜蜂，将蜜蜂纳入了他们的神话。其中一则神话说，宙斯爱上了一个名叫梅利莎的美丽少女，便把她变成了一只蜜蜂，让她永生不死，用永恒的时间收集每个夜晚从星星上落下来的蜂蜜。他们也相信，蜜蜂会引导探索者找到德尔斐神谕①。

也许是厌倦了迷路的朝圣者在蜂窝处游荡，亚里士多德采用了一种更科学的方法。为了了解蜜蜂，他去了橄榄林，那里的蜜蜂被养在草篮中。他也相信蜂蜜来自天空中的露水，但他确实注意到了蜜蜂和花朵之间的联系。他认定蜜蜂是从植物的蜡质花瓣上收集蜂蜡。他注意到蜂巢中单只大蜜蜂的重要性，还发现工蜂蜇人后会死亡。亚里士多德也加深了我们对蜂蜜的理解，他证实了蜂蜜的味道取决于蜜蜂“拜访”的花朵。希腊人更喜欢来自百里香、夏香草和甘牛至蜜，会花大价钱购买阿提卡山（Attica Mountains）的百里香蜜。公元前400年，雅典执政官伯里克利（Pericles）② 在雅典附近的伊米托斯山（Mount Hymettus）上发现了两 224

① 德尔斐在荷马时代旧名皮托，是古希腊福基斯地区的重要城镇，古希腊人认为这里是世界的中心，因此德尔斐也是古希腊极为重要的信仰圣地。德尔斐神庙是阿波罗神女祭司皮媞亚的驻地，在此传达德尔斐神谕。——编注

② 伯里克利（约前495—前429），古希腊重要政治家，在希波战争后重建雅典，扶植文化艺术，“伯里克利时代”是雅典最辉煌的时代，诞生了苏格拉底、柏拉图等一批知名思想家。——编注

万个蜂箱。过多的蜂箱甚至形成了“蜜蜂路障”。执政官梭伦（Solon）①立法规定，蜂箱之间的最小间距为90米左右，这样行人正常经过时才不会被蜇伤。

对罗马人来说，蜂蜜是美好生活的必需品，中产阶级甚至也渴望在条件允许的方式下养蜂。罗马人把蜂蜜的发现归功于巴克斯（Bacchus），在成为酒神之前，他是蜂蜜酒之神。很多罗马人饮酒终日，喝一种掺蜂蜜的葡萄酒。维吉尔（Virgil）研究了他家后面柠檬树丛里的蜜蜂，再次确认了蜂巢中单只大蜜蜂的重要性（如果把它转移走，蜂巢往往会衰败），并将蜂蜜与花朵直接联系起来。但他没有注意到蜂后是有生育能力的，而是认为蜜蜂幼虫是从花朵和尸体中生长出来的。这个想法可能源于他观察到腐肉中突生的蛆虫，也引发了一些涉及公牛尸体和封闭房间的不幸实验。这个神话也出现在《圣经》中②。参孙在一头狮子的尸体上发现了蜂巢，他吃了尸体中的蜂蜜以获取狮子的力量③。

虽然罗马人还远未理解蜂巢的复杂性，但他们的蜂蜜产量已经大幅增加。维吉尔记录了如何放置蜂箱以得到最优质的蜂蜜。公元310年，

---

① 梭伦（约前638—前559），古代雅典政治家、立法者、诗人，古希腊七贤之一，曾出任雅典城邦执政官，制定法律，进行改革，史称“梭伦改革”。——编注

② 《圣经·士师记》14:8—14:9：“转向道旁要看死狮，见有一群蜂子和蜜在死狮之内，就用手取蜜，且吃且走；到了父母那里，给他父母，他们也吃了；只是没有告诉这蜜是从死狮之内取来的。”以及《圣经·士师记》14:14：“参孙对他们说：‘吃的从吃者出来；甜的从强者出来。’”——译注

③ 有一种叫秃鹫蜜蜂（*Trigona necrophaga*）的无刺蜂，用腐烂的尸体代替花朵来酿蜜。其他蜜蜂则与尸体保持距离。

戴克里先皇帝（Emperor Diocletian）开始控制这种重要产品的价格。罗马人大量食用蜂蜜，《论烹饪》一书中半数以上食谱都含有蜂蜜，包括招牌开胃菜——浸在蜂蜜里的睡鼠。“阿皮基乌斯”这个名字本身也是化名，在拉丁语中是“被蜜蜂寻找”的意思。 225

在对蜜蜂行为的详细研究中，罗马博物学家未能发现授粉现象。不过他们确实利用了蜜蜂的许多其他特性。他们通过在水中煮沸蜂巢来完善蜂蜡提纯技术。一些罗马殖民地将芳香的大块纯蜂蜡进献给皇帝。他们制作蜡烛用于照明，也用蜂蜡来进行脱蜡铸造和密封，凭借这种工艺，他们能精确地复制物品。罗马人对这项技术的完善代表了金属加工领域的巨大飞跃，使他们有能力生产出精致复杂的珠宝。

罗马人将蜜蜂强大的防御能力武器化。蜂蜇伤是毒蛋白蜂毒素和神经递质的混合物，前者会损害组织，后者会引起受害者巨大的恐惧反应。罗马军团故意把蜜蜂养在易碎的黏土巢中，再把它们发射到城墙外。他们还挖掘地道，向地道中投放满是愤怒蜜蜂的蜂巢来拦截敌人。蜜蜂也被用来击退敌人的船只。他们还会将蜂房掷上敌船，将敌人赶回大海，以此脱困。

我们现今与蜜蜂的关系源于罗马。随着帝国的衰落，复杂的罗马农业体系也随之崩溃，蜂蜜产量急剧下降，但养蜂的技艺在欧洲各地的庄园和宗教教团中延续下来。许多人工培育的蜂巢又回归野外，中世纪的蜂蜜猎人会照料巨大的野生蜜蜂树，小心地守护它们的位置。从10世纪到16世纪，教堂是最大的蜂蜡消费者。蜂蜡既能用来抛光木制品，

226 又能为礼拜场所照明。在中世纪，大教堂里可能弥漫着许多种味道①，但其中最神圣的还是蜂蜡的味道。到16世纪，养蜂在英国已经成为一种流行的消遣方式，大多数有土地的人都会养蜂。对于偷蜜者来说，上流社会高档花园中的花蜜和花粉是诱人的目标。胆大的人用马车载着蜂巢，在英国大庄园的花园边安营扎寨，他们嗡嗡作响的“条纹强盗军团”则在贵族们的花丛中大肆采蜜。

蜜蜂被视为人类君主制的榜样。几百年来，人们一直认为蜂巢里的大蜜蜂就是蜂王。1609年，昆虫学家查尔斯·巴特勒（Charles Butler）出版了《女性君主》（*The Feminine Monarchy*），这一观点终于得到了纠正。巴特勒生活在伊丽莎白女王一世（Queen Elizabeth I）统治时期，这或许让真相更容易被接受。如今，英国女王伊丽莎白二世既有一名皇家植物学家，也有一名皇室养蜂人。这位养蜂人在白金汉宫照料蜂巢，为女王的早餐供应蜂蜜。从果蔬园主到最高统治者，蜜蜂和蜂蜜在我们的食物系统中留下了印记。

*

回到环太平洋地区，我们离开了农场，带着一瓶新买的美塞格林蜂蜜酒回到维多利亚。制作这种酒要在发酵的液体中加入香草。阿普丽尔给我们做了一顿简单的晚餐：蒸贻贝和羽衣甘蓝沙拉。我们抿着蜂蜜酒，看着海面之上天色渐暗。蜂蜜酒带来的快感蔓延开来，不过这也可能是

---

① 中世纪社会中最有权势的人被埋在教堂的地板下，由此带来“恶臭的富人”（原文为stinking rich，引申为“腰缠万贯”）这一说法。

因为美食和友情的陪伴。我们烤了一小块新鲜的当地布里奶酪做甜点，配的是蜂蜜和杏干。

“你对我太好了，”我说，“这顿饭太完美了。”

227

阿普丽尔在硬皮面包上抹了厚厚一层布里奶酪。“我喜欢奶酪和蜂蜜酒，它们搭配起来很自然。蜂蜜酒的甜味与海鲜和奶酪相得益彰。这种蜂蜜酒和制成它的蜂蜜，反映出当地的风土。蜜蜂吃的是柳兰和草莓花。这便与当地风土形成了联结。奶酪也是这样。这是绵羊奶做成的布里奶酪，绵羊和蜜蜂吃的是同样的植物和花朵。”

我们喝干了杯中酒，又再满上，还挖了些融化的奶酪。

蜜蜂为人类社会贡献了食物、药物和蜂蜡。所有这些都很重要，但对许多古代作家和学者来说，蜂蜜酒是神灵赐予人类更伟大的礼物。如果蜂蜜的含水量超过19%，就会发生十分奇妙的事情。蜂蜜中的天然酵母会被唤醒，开始消耗浓稠的糖分，产生酒精。采蜜人很快发现了这种效应，这也是人们第一次踏入醉酒的世界。自然发酵速度很快，创造出一种最简单、最容易获得的酒精饮料。蜂蜜酒中可以添加水果、香料、谷物或啤酒花，但基本配方始终不变：取蜂蜜加水即可。天然酵母会产生3%或4%的酒精，酒精会阻止酵母生长，留下大量未发酵的糖。葡萄糖首先发酵，但蜂蜜也含有果糖，因此最简单的蜂蜜酒也会非常甜。蜂蜜酒会让人产生一种轻微的兴奋感和更标准的酒醉感（主要来自糖），这种醺然醉意让蜂蜜酒成为每一种“采蜜文化”的主要产品。法国人类学家克洛德·列维－斯特劳斯（Claude Lévi-Strauss）甚至说，蜂蜜酒是人类从自然向文化过渡的

228 标志，是人类第一种真正的技术，也毫无疑问是人类第一种真正沿袭下来的风俗[①]之源。

人类很早就开始酿造蜂蜜酒。公元前7000年的陶器残片上就留有蜂蜜酒的痕迹。关于蜂蜜酒最古老的描述，出现在约公元前1500年的印度教《梨俱吠陀》赞美诗中。希腊人在饮用葡萄酒之前，先喝的也是蜂蜜酒。到了公元4世纪，罗马农业作家帕拉狄乌斯（Palladius）描述了四种常见的蜂蜜酒。亚里士多德和老普林尼都讨论过蜂蜜酒，称赞希腊人用末季蜂蜜酿酒，再将之保存在双耳瓶中，以备半年一度的狂欢时饮用。

最早的蜂蜜酒配方可追溯至公元60年，来自西班牙的罗马博物学家科鲁迈拉（Columella）写道，制作蜂蜜酒可以将储存的雨水或煮沸的水与蜂蜜混合，比例大约是每公斤蜂蜜兑2升水，然后在阳光下放置一周。这是一种合理的方法：太阳辐射可杀死不听话的细菌，让酵母不受干扰地工作。波利奥·罗穆卢斯（Pollio Romulus）是有记载的最早活到100岁的人之一，他在给尤利乌斯·恺撒的信中称，蜂蜜酒是他长寿的原因，也是他在耄耋之年仍能过着充满活力的性生活的原因。

罗马酿酒业崩溃后，蜂蜜酒再次成为人们的首选饮品。伊丽莎白女王一世用特殊的皇家配方酿制了自己的专属蜂蜜酒。在更遥远的北方，维京人祖先的传说中，奥丁（Odin）喝的是用巨人血酿成的蜂蜜酒，年轻的维京人会偷偷跑到家以外的地方，在爱人的陪伴下喝着蜂蜜

---

① 原文为“hangover”，也有双关“宿醉”之意。—— 编注

酒度过一个月，以此来表达结婚意愿，这就是我们现代所说的“蜜月”(honeymoon)。

现代蜂蜜酒比古希腊和古罗马宴会上的酒要复杂一些，但酿造技术大致相同。现如今，我们把初期蜂蜜酒与耐寒的香槟酵母一起装瓶，这种酵母可以将果糖转化为酒精，酿造出更烈、口感更干爽的产品。许多经典品类仍在继续生产，包括含有香料或草药的美塞格林（丁香、肉桂和啤酒花都很受欢迎）；含有枫糖浆的枫糖蜜酒阿塞尔林；用焦糖蜂蜜酿造出烟熏香的北塞；用水果酿造的水果蜜酒梅罗梅尔；甚至还有罗德梅尔，一种用玫瑰果和花瓣酿制而成的罕见蜂蜜酒。想象一下蜂蜜和玫瑰混合的味道吧。 229

这条生态链至今仍然有效：蜂蜜酒需要蜂蜜，蜂蜜需要蜜蜂和鲜花。而蜜蜂和其他许多像它们一样的昆虫，正因人类对地球的改变而受到威胁。

第十二章

植物的性生活

230 我们35％的食物物种直接或间接依赖授粉者。我很早就吸取了这个教训（甚至是这个确切的比例）。我家果园附近的一棵空心树里住着一大群蜜蜂，树的隐秘凹槽里塞满了蜂房。在一次暴风雨中，树被刮倒了，我叔叔剪掉树干上的树枝，把树竖了起来，试图拯救这群蜜蜂，但它们没有留下来。蜜蜂们紧紧团成一团，向更好的家园飞去。我们设法抢救出几桶5加仑左右的蜂蜜，但这并非我们想让蜜蜂靠近果园的本意。苹果花必须经过授粉才能结果，而97％的授粉是由蜜蜂完成的。

花草海滩上迎风摇曳的野玫瑰和为我的吊床遮阴的苹果树，都是一个庞大植物家族的一分子，这些植物通过开花、结果和结籽成功实现了有性繁殖，得以繁衍壮大种群。被子植物（又叫开花植物）是最多样化的陆生植物群，有近30万个已经确定的物种。它们由约2.25亿年前三 231

叠纪时期不开花的裸子植物[1]发展而来，在约1.6亿年前开花。这些植物在白垩纪后期迅速多样化，从此主导了整个生态系统和生态景观。看来，植物的性行为似乎是个好办法。

授粉是指花粉从雄性植物的花药转移到雌性植物的柱头，最简单的方式是在同一朵花内通过重力进行转移。然而，要实现多样化，植物之间必须进行遗传物质的交换，但要做到这一点，却面临着一个根本性障碍：植物不可能带着一瓶酒和一个微笑，漫步到另一株植物身旁。它们需要媒介。最早的媒介是环境，风和水仍然是常见的授粉媒介。人类最重要的三种粮食作物水稻、小麦和玉米都是通过风授粉的，这一过程被称为风媒授粉。但其他关键物种也已经学会了利用活体媒介授粉。数十万种动物扮演着这个角色。其中大多数是昆虫，但还有多达1500种鸟类和哺乳动物也在承担这项工作，包括狐猴，这种动物是地球上体形最大的授粉者。

花朵利用气味和颜色来吸引授粉者。例如，蝙蝠授粉的往往是有白色花朵、花蜜甜美的夜间开花植物。它们很容易看到这些花朵，啜饮香甜的花蜜，在花朵间飞舞着传递花粉。蝙蝠是重要的授粉者，尤其偏爱食用香蕉、芒果等经济作物。由蜂鸟授粉的植物会产生大量花蜜。有些植物闻起来像腐肉，会吸引丽蝇着陆。无花果利用黄蜂传粉。它们会把雌性黄蜂困在果实里，让新孵化的小黄蜂通过雄蜂咬开的细小通道逃出无花果。其他的花利用蝴蝶，这些植物常开出成簇的花，为蝴蝶创造着 232

① 大多是松柏科植物。

陆平台。夏威夷和澳大利亚的一些热带植物需要旋蜜雀来授粉，这是一种色彩艳丽的鸟。狐猴呢？这种可爱的动物为旅人蕉授粉。它们会拉开坚韧的花朵，把鼻子伸进去，用鼻子和爪子把花粉带到下一朵花上。

被子植物和授粉昆虫是互惠共生的典型。互惠共生，即两个不同物种的生物体进行合作，使每个个体都能从对方的行为中获益。最早依赖授粉的植物化石是一种可追溯至石炭纪晚期的蕨类植物。这种裸子植物不需要生物授粉。虽然到了三叠纪，蕨类植物的孢子要通过路过的动物来补充风媒授粉的不足，但正是被子植物完善了授粉。

花朵对蜜蜂来说就像一站式便利店。花蜜是蜜蜂的能量来源，花粉是蜜蜂的蛋白质来源。蜜蜂也会停留在花朵上采集油脂、香味和水滴。再来看另一种互惠共生的生物——珊瑚，它们与藻类合作。还有50%的陆生植物依靠土壤中的真菌来提供它们所需的微量元素。

还记得入侵夏威夷的老鼠和蚊子吗？它们已经导致岛上特有的旋蜜雀消亡了三分之二，而这些五颜六色的小鸟为当地大量的树木和花卉提供授粉和传粉服务。没有鸟，植物就无法生存。我们的许多作物都与蜜蜂进化出了互惠共生关系，由此我们也与这些嗡嗡作响的朋友建立了互惠关系。

233

授粉者的灭绝对人类食物体系的影响，可能比单个食物物种的灭绝影响更大。许多授粉者都受到了威胁。蝙蝠正在与真菌病和栖息地丧失做斗争，狐猴也饱受栖息地丧失之困。近期研究表明，普通昆虫的数量在急剧下降，包括为各种重要作物授粉的苍蝇。但就整体影响而言，我们必须担心的是蜜蜂的消失。它们轻薄的翅膀承载着人类的食物体系。

我们有多需要蜜蜂？35%的蜜蜂授粉植物提供了人类所需热量的四分之一，其中包括各种使我们的饮食变得营养丰富又有趣的农作物。例如，蜜蜂授粉作物包括大多数水果和浆果、秋葵、洋葱、甜菜、欧洲油菜、西蓝花和其他十字花科蔬菜、辣椒、红花、多种香料、荞麦、芝麻、豌豆和土豆。我们也需要芥菜和胡萝卜等需要授粉来结籽的蔬菜。

意想不到的是，肉类的生产过程中也需要授粉，因为牛的冬季饲料是苜蓿，而鸡的食物则是来自授粉作物的谷物和种子。咖啡是部分自花授粉的，但如果没有蜜蜂，其产量将下降约50%。巧克力情况也是同样。棉花和一些木材也需要授粉。北美洲本地植物并不是很需要蜜蜂，但它们确实需要其他蜂类物种。

总体而言，仅在美国，蜜蜂就为60种主要农作物生产做出了贡献。我们估计蜜蜂为全美农作物生产贡献了190亿美元的价值，其他授粉媒介也贡献了100亿美元。作物和授粉者之间的联系由来已久，即使在大型农场和单一耕作的时代也存在。正是在那些一望无际的单一耕作农场上，我们遇到了问题。蜜蜂的繁衍壮大需要多样性，还依赖于地区环境，现代农业却创造了一个迥然不同的环境。

234

想想苹果。每颗苹果种子都有不同于其亲本的基因组成，从而产生出上文所说的奇妙变异。授粉管理对果园的成功至关重要。人们通常会种植多个栽培种，以确保不同品种能在同期开花。苹果并不挑剔，一只蜜蜂或苍蝇就可授粉，但果园里如果能有一窝蜜蜂，就能大大提高果实产量。授粉不足会导致苹果长得又小又畸形，结出的种子也少。

苹果和授粉者的合作可以一直追溯到天山山麓，蜜蜂和我们最爱的温带水果在人类烹饪和农业史上都发挥了积极作用。普林尼描述了23个苹果栽培种，这比我们今天能在商店里见到的苹果种类还要多。罗马人也很珍视苹果花蜜，因为它浓郁的花香，能让人想起繁花盛开的果园。

苹果是古代和中世纪重要的水果。它们很好保存，可以生吃、煮熟或榨汁，也可以发酵成苹果酒和苹果醋。苹果树的寿命也很长。1666年，牛顿观察到一颗苹果从树上落下，触动他提出了万有引力定律——从那棵树上剪下的枝条到现在还活着。这颗著名的苹果是非常稀有的品种"肯特之花"（Flower of Kent）。蜜蜂在它附近嗡嗡作响，它们结成的巢叫作蜂窠。许多豪宅的墙壁上都留有几处壁龛，用来保护这些脆弱的蜂房。我们记得牛顿的苹果，却忘了苹果的生长需要蜜蜂。

235

和梨一样，北美洲的苹果品种日益增多，也越来越受欢迎，但这种"扩张"同样需要蜜蜂飞越到西半球大陆。蜜蜂很早就来到了北美洲。1621年，弗吉尼亚公司（Virginia Company）派出一艘满载孔雀和蜂箱的船前往殖民地。登陆后，蜜蜂被证明是适应性更强的货物。它们很快就飞到了北美洲大陆鲜花盛开的树林中，建起了野生族群，飞到了比欧洲版图边界更远的地方。阻挡它们的只有落基山脉。蜜蜂被分别引入太平洋沿岸各州。这种动物在北美洲繁衍得非常成功，一些游牧的猎鸽人同时也充当起蜂蜜猎人，在森林里寻找野生蜂巢中的蜂蜜来贴补收入。

苹果也在北美洲大获成功。起初，人们种苹果是为了酿酒，顺着河流迁徙路线在沿岸森林中开辟出大型苗圃，在那里撒种植树。这些果园里出现一些新品种，比如国王苹果和麦托金什红苹果等。苹果派也成为美国的象征。在苹果的全盛时期，有多达1.7万个品种可供选择，包括现在已经消失的品种，比如巨大的库洛希苹果（Cullowhee），其周长可达53厘米；深宝石红色的长圆形苹果印达荷马（Indahoma）；还有“亚当和夏娃”（Adam and Eve），一种经常结出两个融在一起的果实的双核苹果。1866年，美国农业部遵照亚伯拉罕·林肯总统的命令成立了果树学机构。该机构规模最大时，雇佣了50名全职艺术家来为不同的苹果栽培种画像。美国农业部还鼓励人们多养蜂，以支持不断扩大的果园产业。

种苹果并非美国兴起的唯一产业。19世纪中期，养蜂业也是美国发展进步最快的产业之一。耶鲁大学教师、新教牧师洛伦佐·兰斯特罗思（Lorenzo Langstroth），在闲暇时喜欢鼓捣一些小发明，也喜欢养蜂。236 洛伦佐讨厌拆散蜂巢来取蜜，因为蜂群往往还没来得及被重新安置到新家，就会在半途中死去。他萌生了一个全新的想法：如果蜂巢中有蜜的部分能被轻易取出、替换呢？他意识到，在自然界中，蜜蜂会在蜂巢中留下方便进出的通道，如果有人能造出一只巢框可以拆卸的蜂巢，且巢框之间的缝隙只有一只蜜蜂的宽度，那么蜜蜂就不会用蜂蜡把巢框连接起来。他还想到，蜜蜂只在蜂后附近养育幼蜂，而蜂后的体形比普通蜜蜂大得多，那么人们可以把蜂后隔在蜂房的某些区域之外。1851年10月31日，兰斯特罗思搭建了自己的第一只蜂箱，这种全新的结构一直沿用至今。第一只蜂箱的巢框装有蜂后和幼蜂的蜂巢，加在上面的箱子被称为“继箱”，与第一只箱子用“隔王板”隔开，允许工蜂穿越隔板在箱子间穿梭，但体形较大的蜂后则不能移动。上层的继箱会被贮存的蜂蜡和蜂蜜填满。养蜂人可以在不过分干扰蜂箱的情况下，从上面的箱子中取走巢框。

兰斯特罗思的发明使养蜂业得以扩大规模，养蜂人第一次可以靠专门生产蜂蜜为生。这些新蜂箱也比早期的版本更容易移动。一旦蜜蜂可以被轻而易举地运输，农民就开始付钱给养蜂人，让他们把蜂巢运到缺少授粉者的田地里。

*

“你能帮我拿一下这个吗？”我那位农民朋友①的电话一直在响。我想知道如果她让电话都转去语音信箱会发生什么。她递给我一只新开的继箱巢框，里面有几百只蜜蜂。“就一分钟。拿着就好，它们不会蜇你的。”

237

我小心翼翼地拿着巢框，尽量不去想上面爬着的小生命代表着怎样的蜇伤能力。蜜蜂被烟熏得昏昏沉沉，却仍在我的手上和前臂上进行着小小的突袭，像是在给我挠痒痒，发出令人愉悦的嗡嗡声。在它们下面，蜂蜜在一排排完美的六边形巢室中闪闪发光。养蜂人挂断电话，示意我她准备从我手中接过巢框。

我慢慢地深吸了一口气。“谢谢。这个巢框好重。里面已经有很多蜂蜜了。”

我小心翼翼地把巢框递过去，用手轻轻一甩，把几只流窜出来的蜜蜂拨回敞开的蜂箱。它们在里面疯狂地嗡嗡作响。这些蜜蜂不需要长途飞行。蜂箱属于一位农民，他种了蜜蜂喜欢的各种作物。如果蜜蜂们吃

---

① 她想匿名。感谢她让我参观她的蜜蜂。

腻了蔬菜，也可以飞到马路另一边，到附近长满柳兰的山上去。我看着养蜂人熟练地把巢框装回蜂箱，盖好盖子。蜜蜂们开始了早晨的例行工作，在蜂箱入口处停了一会儿，然后迎着太阳飞去。很快，大多数工蜂就会出去觅食，剩下的蜜蜂会蒸发蜂蜜中的水分、照顾幼蜂和蜂后，或者做一些家务。秋天的空气很冷，但午后的太阳可能会把蜂房晒得足够热，蜜蜂们会在入口处扇动翅膀，让自己和家园保持凉爽。

回到蜂蜜房，我们品尝了各种口味的蜂蜜，还检查了为当地一家蜡烛公司生产的大块蜂蜡。蜜蜂是我朋友的爱好，这是一项很好上手的副业，既能赚点外快，又能改善她农场的授粉状况。她不会把蜜蜂搬出去租给别人，也不会再扩大几个蜂箱。她留下的蜂蜜足够蜂群过冬。商业 238 生产者为了从蜂箱中提取更多的蜂蜜，通常不得不用玉米糖浆来补充蜜蜂余下的蜂蜜储备。而她用的是老式养蜂法，这种方法在农村地区盛行了几个世纪，但现在已非常态。

现代蜜蜂四处奔波。随着农业转向单一耕作，本地的授粉物种根本无法满足需求，因为在成千上万英亩的土地上，同一种花朵会在同一时期开放。大约七十年前，农民们开始付钱请养蜂人在开花季送来朗式蜂箱，但路况是个棘手的障碍。没有人，我是说没有人愿意在车水马龙的高速公路上失去一车愤怒的蜜蜂。要搬迁蜜蜂，就需要非常好的道路。

就在美国工业化的单一耕作不断挑战本地授粉的极限时，德怀特·D. 艾森豪威尔（Dwight D. Eisenhower）的“国家州际及国防公路系统”（俗称“州际公路系统”）拯救了这种情况。根据1956年《联邦援助公路法案》，在接下来的四十年里，这一公路系统被逐渐修建完善，最终总长达77500公里，耗资约5000亿美元。在加拿大，横贯大陆的高速公路系统始建于1950年，到1970年基本完成。突然之间，食物可以以低廉的成本进行安全的长途运输，蜜蜂也可以。

蜜蜂的第一次大规模迁移发生在20世纪50年代末至60年代初，当时佛罗里达州扩大了柑橘生产。不过最著名的例子还是规模最大的那次：加利福尼亚州的杏仁授粉狂潮。

杏仁和苹果一样，发源自清新纯净的天山气候，几乎完全靠蜜蜂授粉。每年二月中旬，加利福尼亚州中央山谷的杏树开始复苏，开出几十亿朵娇嫩的白色、粉色五瓣花。杏仁田占地近3240平方公里，从萨克拉门托一直绵延到洛杉矶，总计约9000万棵果树。这片树林虽然很美，在大自然中却是绝无仅有的。除了杏树，这里几乎没有其他任何植物。这里种植了大约30个杏仁品种，呈对角线状排列，按不同品种交替成行，方便异花授粉。但靠谁来授粉？蜜蜂无法生活在单一耕作的田地中。但杏花的花期只有一周多，想要最大限度的果实产量，每朵花必须被多次授粉。而且蜜蜂也需要时间来采集足够维持一年生计的蜂蜜。和人类一样，它们也需要从数百种植物中摄取多样的食物。这种饮食多样性既能提供丰富的微量营养物，又能尽可能延长觅食季。所以蜜蜂不可能靠吃一周的杏花蜜大餐过活。这就好比一个人只在自助餐厅吃了一顿晚餐，就想靠这顿饭撑一个月。即便吃得再多，也会导致营养不良和饥饿。

每年，为了生产占全球四分之三供应量的杏仁，制作坚果零食、坚果酱、蛋白棒、杏仁奶和花样越来越多的其他产品，我们把蜜蜂带到了杏树前。1600名养蜂人用卡车运来100万只蜂箱，里面是总计300亿只还在冬眠的蜜蜂。对于养蜂人来说，这一次运输就可能赚到他们年收入的一半。对于杏仁生产商来说，每英亩杏林至少需要两只蜂箱，这使得杏仁产量从20世纪60年代的每英亩500公斤提高到现在的每英亩1500公斤。在加州的中央山谷，蜜蜂的租金占杏树果农生产成本的20%。

蜜蜂不能在杏树上停留。一旦杏花枯萎，蜜蜂就必须搬家，否则就会被饿死，于是养蜂人会带着他们的蜜蜂前往加州的樱桃园、李子园和牛油果园，或是去华盛顿州的苹果园和樱桃园。夏天来临时，蜜蜂会前往北美洲大平原的苜蓿田，之后是向日葵田和三叶草田。一些蜜蜂向南迁徙到得克萨斯州的南瓜田或佛罗里达州的柑橘林，或向北迁徙到蓝莓田和蔓越莓田。蜜蜂和四处辗转的养蜂人一起逐花期而动。就像罗文·雅各布森（Rowan Jacobsen）在《没有果实的秋天》（*Fruitless Fall*）一书中所写，人类的食物体系仰赖的是中年男人们用木箱和烟筒供养的农作物。 240

这个体系已经开始失灵。在一段时期之内，单一耕作曾大大提高了效率和产量。由于不需要在当地授粉，农民们在田间种满了单一作物。养蜂人每年春天上路，靠租赁蜜蜂、出售蜂蜡和蜂蜜过上体面的生活。但这种运作方式本质上是脆弱的。把整个大陆的蜜蜂聚集到一起，进行为期一周的杏仁大狂欢，必然会导致一个蜂箱中的问题迅速蔓延到整个种群。而且旅行对蜜蜂而言也并非理想的生存方式。旅行时蜂箱必须密封，但这样一来蜜蜂就无法调节蜂箱温度、觅食或做家务。这种大规模授粉能持续这么长时间的确令人惊讶。不过，到了21世纪早期，不可避免的事情发生了：蜜蜂开始死亡。

蜂巢是精致而复杂的有机体，通过精心的专业化运作来发挥作用。每只蜜蜂都有自己的任务，如果没有完成这些任务，整个有机体就会开始受损。本世纪初，养蜂人开始记录蜂群衰竭失调症（Colony Collapse Disorder，简称CCD）发病率的急剧上升。看似健康的蜂巢突然间空空荡荡，只留下一只困惑的蜂后、几只保育工蜂和大量蜂蜜。20世纪70年代，这个问题开始蔓延到工业授粉种群，但那时问题还只出现在少数蜂箱中。20世纪90年代，崩溃的蜂巢数量有所增加。到世纪之交，这个老问题出现了新危机。受到蜂群衰竭失调症困扰的蜂箱几乎毫无用处：工蜂消失了，生产蜂蜜和授粉工作也停止了。不管导致CCD的原因是什么，这种病都具有传染性。健康蜂巢中的蜜蜂会避开CCD蜂巢中遗留的蜂蜜，仿佛其中的蜂蜜也受到了古老的诅咒。如果强行把CCD蜂巢与健康蜂巢合并，那么健康蜂巢也会遭受灭顶之灾。

241

蜂群衰竭失调症的传染效果立竿见影。在北美洲，西方蜜蜂数量锐减；在英国和欧洲其他地区，这种蜂群数量减少得也很严重，甚至是灾难性的。授粉成本急剧上升，价值数千亿美元的农作物受到威胁。可用的蜂箱越来越少，人们从遥远的澳大利亚引入蜂群，为加利福尼亚州的杏树授粉。为杏树授粉几乎成了蜜蜂的“自杀式任务”。在北美洲，蜂群衰竭失调症使50%至70%的蜂箱受损，养蜂人的生计受到威胁。目前人们还没有找到蜂群衰竭失调症的确切病因，但已经提出几种可能性，包括瓦螨［以罗马养蜂人马库斯·特伦提乌斯·瓦罗（Marcus Terentius Varro）的名字命名］、新烟碱类杀虫剂、病原体、栖息地丧失、气候变化和为授粉大规模移动蜂房等。答案有可能是这些因素综合作用的结果，重压之下，蜜蜂根本无法抵抗。

蜂群衰竭失调症并不是新现象，但在过去却很罕见。这种奇怪的情况最早出现于1869年，当时北美洲一些零星地区开始出现空的蜂巢。几十年来，这种情况有了多个名称，包括春衰、秋衰和蜂群消失症。尽管有若干名称，但这种情况似乎并不局限于某个季节，也不完全属于某一种疾病。有时，蜂群会突然分崩离析，原因不明。21世纪初，这种疾病在全球暴发时，人们开始试图更深入地理解它。随着整个养蜂业在几周内全军覆没，授粉作物的未来需要我们理解这种令人困惑的情况：成年工蜂失踪了，但没有留下任何蜜蜂的尸体。它们消失了。未孵化的蜜蜂还在，蜂后还在，几只保育蜂还在，蜂蜜也在。 242

北美洲的损失最为严重。蜂巢总数从1980年的450万个减少到2017年的289万个。在经历了多年的下降后，到2018年，这一数字才略有回升，在一定程度上要归功于雄心勃勃的替代计划。典型的CCD年均损失率约为25%，但在某些地区会上升到50%。2015年，时任美国总统的贝拉克·奥巴马在公布了一项改善蜜蜂种群健康的国家战略，包括为相关研究和恢复栖息地提供资助。欧洲的损失率也类似，不过欧洲蜜蜂的个体健康情况从整体上说要好一些。而亚洲的损失率仅为10%。亚洲蜜蜂虽然很难合作，蜂蜜产量也不高，但似乎适应力更强。

现代蜜蜂面临着各种各样的挑战，这让我们更难理解蜂群衰竭失调症。美国农业部确定了现代蜂巢的61种潜在压力源，这对任何生物体来说都是不小的挑战。第一种是瓦螨——亚洲蜜蜂的宿敌，直到20世纪90年代才传入北美洲。亚洲蜜蜂知道如何对付蜂房里的螨虫，发现螨虫时会迅速杀死它们，把它们扔到前门外。这样做是对的。瓦螨就像吸血鬼，会挖进育蜂房，吸食幼蜂的生命，还会夹住成年蜜蜂的背部，243 喝它们的血。阴险的螨虫会逐渐瓦解蜂群的力量，使蜂巢遭受其他健康蜂群的袭击。然后，健康的蜂群会把螨虫和偷来的蜂蜜一起带回家，疾病就这样传播开来。

瓦螨对蜜蜂最具破坏性，它会直接杀死部分蜜蜂，幸存者的免疫系统也会被破坏。寄生了螨虫的蜂群很难活过冬天，蜂后也很难繁殖。洛伦佐·兰斯特罗思的蜂箱本身可能也催生了瓦螨。野生蜂群对螨虫有更强的免疫力，这可能是因为它们有更高的筑巢技术。现代蜂箱的蜡质巢室是沿着人类在空巢框上的刻线筑造的，而野生蜂巢的蜡质巢室则有各种尺寸。育蜂房就是其中一种较小的巢室，或许可以让保育蜂听到巢室里螨虫的存在。

然而，单是螨虫无法解释蜂群衰竭失调症。另一个主要原因是对作物使用农药和杀菌剂，特别是新烟碱类杀虫剂，这是一种有点类似尼古丁的化学物质。2013年马里兰大学的一项研究发现，蜂群采集的花粉中平均含有9种不同的农药和杀菌剂。该研究还发现，这些化学物质的含量与蜂群中螨虫的数量之间存在相关性。这些化学物质不会直接杀死蜜蜂，但会损害它们的发育和行为，也可能会干扰它们传导导航和化学信号，这就解释了为什么患上蜂群衰竭失调症的蜂巢里没有蜜蜂。蜜蜂们会迷失方向，找不到回巢的路。

其中一些化学物质被用来涂抹种子，它们会残留在植物和土壤中。蜜蜂可能不会直接暴露在这些化学物质中，但它们从数以百万计的花朵中采酿花蜜，在这个过程中也富集了农药。已有研究证实，新烟碱类杀虫剂会导致蜜蜂和其他动物出现记忆问题。如果这些化学物质削弱了蜜蜂的免疫系统，蜜蜂就更有可能被病原体感染，这些病原体包括导致它们感染的细菌和使其翅膀变形的病毒。欧盟已经对新烟碱类农药采取了相应举措，欧洲食品安全局也已经禁止了三种被认为对蜜蜂构成严重风险的化学品。但美国尚未禁止它们。

244

对蜜蜂来说，天气和景观也变得不那么友好了。气候变化是可能导致蜂群衰竭失调症的一个因素。因为极端条件会使蜜蜂待在巢里，当蜜蜂感觉过热，它们必须收集水而非花蜜，这就减少了蜂蜜的存量。另一个可能的因素是栖息地丧失。在工业化农业出现之前，蜜蜂可以吃到各种各样的作物和鲜花，且有足够多的野生景观来提供更多样的食物。即使在农田里也有树篱和林地，这都是蜜蜂中意的栖息地。和人类一样，蜜蜂也需要从多种来源的食物中获取足够的营养。随着栖息地一起消失的还有食物多样性，蜜蜂变得营养不良，本已承受压力的蜂巢又雪上加霜。

用卡车大规模运输蜜蜂也是一个潜在的影响因素。蜂巢本应固定在某个地点。蜜蜂是有自己习惯的生物，会确立领地、确立食物来源的内部地图。在运输途中，蜜蜂被困在拥挤的蜂巢中，一旦来到新的地方，就要面对全新的环境和截然不同的食物来源。为授粉而被运送的蜜蜂会接触到新的病毒和不同的螨虫，这对任何生物来说都是充满挑战的环境。被困在蜂巢中的蜜蜂是非常脆弱的。

野生的授粉蜜蜂也没有幸免于难，但它们对这种神秘疾病的反应有所不同。随着美国国内 CCD 流行率的飙升，野生种群也随之崩溃。但野生种群的多样性确保有足够数量的野生蜜蜂能存活下来，重新繁衍。245 野生蜜蜂的数量现在至少是稳定的，它们已经适应了栖息地的丧失，而且越来越善于把瓦螨赶出家园。甚至美国国内的蜜蜂数量似乎也有上升的迹象，因为育种者试图繁育出适应性更强的种群。从某种程度上来说，CCD 已达峰值，北美洲的蜂群损失数量正从之前的高点回落。

北美洲的蜜蜂数量存在差异，加拿大在2016—2017年间只损失了17%的蜜蜂，而美国则损失了21%。新西兰的数据更低，仅为10%。中欧的数据与新西兰相似。在保证授粉生物的健康方面，美国人的做法仍然很有问题。养蜂人正勉力维持生意的经济利润，但过去十年的损失不仅仅代表着高昂的经济成本，还造成了情感上的损失。养蜂人之所以养蜂，是缘于对蜜蜂的爱。他们不想把自己的蜂巢送到加利福尼亚的杏树园中，被屠杀在摇曳的粉红色花丛之中。

*

在保护我们的食物物种免于灭绝的斗争中，蜜蜂至关重要。如果没有它们授粉，我们的生活——至少与饮食有关的生活将会变得困难而昂贵，而且多样性也会大打折扣。我们有几个模型可以说明没有授粉的农业会是什么样子。比如世界上最受欢迎的香料之一，必须通过人类填补其缺失的授粉者角色。我喜欢香荚兰，也总会在自己的香料柜后面放一些用高品质香草荚泡的伏特加。我不是唯一一个会这样做的人。香荚兰是世界上最受欢迎的调味剂，也是最名贵的香料之一，价格仅次于藏红花。

在夏威夷县实地考察时，我第一次见到香荚兰种植。我访问了夏威夷香草公司（Hawaiian Vanilla Company），一座由吉姆·雷德科普（Jim Reddekopp）一家经营的农场。在夏威夷大岛的哈玛库亚海岸（Hamakua Coast），我们团队冒着滂沱大雨，沿着蜿蜒的路前去拜访他们。我越来越兴奋。雷德科普一家从1998年开始种植香荚兰。当时，夏威夷并没有人种香荚兰，但种植这种植物似乎是可行的。这里的气候温和湿润，市场也很强劲。从大型品尝室出来，我们长途跋涉，走到阴凉处的建筑，那里生机勃勃的绿色藤蔓攀缘缠绕在支杆上。几颗香荚兰豆荚点缀在藤蔓间，看上去像巨大的青豆。留住这些豆荚要归功于吉姆·雷德科普的妻子特雷西的技巧和耐心。因为夏威夷的香荚兰和世界上大多数地方的香荚兰一样，缺少授粉的昆虫。

246

香荚兰是真正的外来作物。它是兰科香荚兰属植物，主要来自墨西哥。这种类型的香草通常被称为波本香草（*Bourbon vanilla*），以其生长地留尼汪岛（曾被称为波本岛）命名。一个与它密切相关的品种——大溪地香荚兰（*Vanilla tahitensis*）则生长在南太平洋。波本香草的香兰素含量最高，这种芳香的精油赋予了香草独特的味道。

香荚兰是2.5万种可爱的兰科植物中唯一一种可食用的物种。这是一种不起眼的深绿色藤本植物，生长在墨西哥南部和东部、中美洲以及南美洲北部的低地热带雨林中。青柠色的豆荚在藤蔓上枯萎、变黑，美好的豆子中会流出一种淡淡的精华。人们已经学会了如何加工这些香荚兰豆，以最大限度地回收香兰素。人们还学会了酒精萃取工艺，能使香味更加独特。

和大多数兰科植物一样，香荚兰生长缓慢。只有在生长到第三年之后，香荚兰才会开花，在大约两个月的时间里完全绽放。每朵花完全绽放的时间只有24小时，而且必须在盛开后的8到12小时内被授粉，否则花就会枯萎，从藤上掉下来，不会长出豆荚。这是一种需要即时授粉者的植物。

247

香荚兰有着悠久的历史。墨西哥的托托纳克人最先利用这种香草豆来制作熏香和药物，后来征服了墨西哥的阿兹特克人开始将香草豆加工成食品添加剂。他们将这种豆荚命名为“tlilxochitl”，翻译过来的大致意思是“黑色的花”。阿兹特克人开始将香草混合到他们的巧克力饮料中，这种新口味流行起来后，他们要求被征服的托托纳克人将香荚兰作为贡品。于是托托纳克人将这种稀有而芬芳的贡品成捆地送到阿兹特克的首都特诺奇蒂特兰。阿兹特克人后来被西班牙人征服，埃尔南·科尔特斯（Hernán Cortéz）把香荚兰作为最名贵的美洲珍宝之一带回欧洲。他还把香荚兰带回了家，但事实证明，这种植物很难在远离本土的地方生长。第一株在欧洲开花的香荚兰属于英国下议院议员查尔斯·格伦维尔（Charles Grenville）阁下，他也是一位狂热的园艺家。1806年，他在伦敦郊区的家中上演“催花术”，结果却令人失望，藤上并没有结出豆荚，因为它没有授粉者。但什么动物可以为它授粉呢？欧洲人凝视着发育不良的藤蔓，想知道怎样才能找到这个神秘的授粉者。

香荚兰的性生活很有意思。和许多植物一样，它是雌雄同株的，甚至可以自花授粉（不需要另外一株兰草）。但有一个问题。花药和柱头被一层叫作蕊喙的膜隔开，如果花粉要从一个腔室转移到另一个腔室，这层膜就必须移动。在自然界中，蜜蜂科的蜜蜂和一些蜂鸟可以操纵蕊喙，但它们都不容易迁移到新环境中。授粉难题使墨西哥对香荚兰的垄断持续了300年，因为当地的鸟类和蜜蜂能及时、足量地为花朵授粉，墨西哥才能大规模生产香荚兰。 248

花朵一旦被授粉，就会形成一个15到25厘米长的豆荚，里面装满了成千上万颗黑色小种子。豆荚枯萎后，它们会被一层香兰素的针状结晶所覆盖，这种针状结晶被称为“givre”，在法语中是“白霜”的意思。结霜的程度决定了作物的价值。这种带有结晶和小种子的豆荚可以用来制作香草糖或香草精，也可以直接添加到食物中。

香荚兰的问题一直在于它的稀有性。到1819年，一批企业家试图在留尼汪、海地和马达加斯加种植香荚兰，希望当地有某种东西可以为花朵授粉。然而，没有本地授粉者接受挑战。1836年，法国植物学家查尔斯·弗朗索瓦·安托万·莫朗（Charles François Antoine Morren）在韦拉克鲁斯（Veracruz）的一处露台上喝咖啡时，偶然观察到了授粉现象，这个问题才终于被理解。他注意到小黑蜂围着他餐桌附近的香荚兰盘旋，看着它们钻进花丛里。他每天都回到这座露台（我们假设他喝了更多的咖啡），证实了蜜蜂光顾过的藤蔓才会结出豆荚。然而，这位植物学家尽了最大的努力，还是无法复制蜜蜂的行为。1841年，在留尼汪岛上，法国殖民者费雷奥尔·贝利耶·博蒙（Féréol Bellier Beaumont）的奴隶、12岁的埃德蒙·阿尔比乌斯（Edmond Albius）最终实现了这一目标。他用一条竹片提起花的隔膜（也就是蕊喙），用拇指将花粉从花药敲到柱头上。1848年，法国殖民地宣布废除奴隶制，阿尔比乌斯获得了自由。尽管他对香草种植做出了惊人的贡献，却还是在1880年死于贫困。

249 如今，几乎所有的香草都是这样生产的，包括我在夏威夷看到的香荚兰。这种费时费力的人工授粉过程成本高昂。此外，由于生产成本和人力投入，手工授粉的作物极为罕见。随着墨西哥本土蜜蜂数量的减少，香草的未来似乎只能靠我们对这种自然界最挑剔的花朵之一进行悉心的人工授粉了。我们之所以要进行这种令人劳心费力的农业生产活动，唯一的原因在于，香荚兰的人工替代品无法复制天然作物的复杂性。人们用海狸的气味腺、纸浆厂的废水和酵母基因制成仿制品，但最终没有什么能比得上真正的香荚兰。我在甜点中大量使用香荚兰，甚至偶尔也会在主菜中加一些。那些小小的黑色种子，还有它们那天堂般迷人的味道，绝对物有所值。

*

在我探索蜜蜂世界的过程中，丹一直很低调。当时他正忙着写与尖叫青蛙相处的研究成果，况且他还对蜂蜇过敏。我赞同他的选择，既然他现在和我在一起，而我的研究又不太可能以把他送进医院而告终——那我就要避免他因过敏反应而英年早逝。他想要一顿甜美多汁的大餐，就和所有曾洗劫过蜂巢的生物一样。我们碰了个面，筹划了一下这件事。我希望准备些不像特大啃那么复杂的东西。

“今天的天气太好了。我们不吃晚饭，喝下午茶怎么样？”我问，“喝点和授粉有关的茶。如果天气一直这么暖和，我们可以在你的露台上喝茶。今天的所有食物都必须在某种形式上和授粉有关，或者受到过授粉的影响。”

“我喜欢这个想法。但不会有蜜蜂，对吧？一只都没有，对吧？”

“我可以把养蜂人请来吗？”

“当然。只要她不带蜜蜂来就行。”

250

我们刚开始计划，就发现英式下午茶传统完全依赖于授粉。茶本身就是授粉物种。茶树的可爱花朵必须经过蜜蜂的拜访，才能长成新的茶树。我请友人卡蒂亚挑选茶叶。除了采购素食汉堡，她还擅长将茶叶与热水化为芬芳的魔法。她选了中国福建武夷地区的正山小种，这是一种用松木烟熏烘制的红茶。它也是最古老的红茶之一，带有浓郁的烟熏气。我用当地温室的农产品做了黄瓜三明治——这里的菜农会用大黄蜂来确保收成。丹做了咖喱鸡肉三明治。鸡是用蜜蜂授粉的苜蓿喂养的。我们为卡蒂亚准备的素食三明治由自花授粉的大豆制成。而澳大利亚的最新研究表明，蜜蜂授粉可以使大豆产量提高40％。丹在他的咖喱菜谱中加了葡萄干——葡萄干来自葡萄，而葡萄是由蜜蜂辅助授粉的。我们还在叠层的盘子里盛了些鲜葡萄，用我拜访的那家农场的蜂蜜做了一盘巴克拉瓦（baklava）①，代替传统的蛋糕和司康。丹将酥面皮和杏仁馅料

① 巴克拉瓦以层层酥皮制成，内馅裹入碎坚果，再搭配糖浆或蜂蜜，是一种酥松香脆、浓郁甜蜜的西亚风味酥点。——编注

一层一层叠起来，每层之间都涂着厚厚的、融化的黄油。完工后，他把热蜂蜜、香料和柠檬汁混成的酱汁浇在上面，注视着自己的劳动成果。

“蜜蜂在这一餐中可是至关重要。”

“不可思议 —— 我从来没这么感激过蜜蜂。”

下午茶是19世纪40年代发展起来的一种简餐，本意是帮上流社会人士打发午餐和晚餐之间的漫长时光。如今，下午茶已经成为人们娱乐消遣的好理由。我们喝了传统的茶，吃了三明治，自己搭配了甜品，不过我也喜欢经典的司康配奶油和果酱。丹选了一种很淡的蜂蜜酒来配茶，很快大家就开始吃吃喝喝。我的养蜂人朋友很喜欢巴克拉瓦，说服丹用食谱换她的蜂蜜。本地蜜蜂在附近的薰衣草丛中嗡嗡作响。丹警惕地瞟了它们一眼。

251

后来呢，盘子洗好了，最后一杯茶也喝光了，我发现自己又回到了“互利共生”这个概念上。即使是一些不直接依赖蜜蜂的作物（比如葡萄和大豆），也能在蜜蜂的帮助下提高产量。通过授粉，蜜蜂也巩固了整个生态系统。了解为保护这些授粉者而作出的努力，改变了我对人类食物体系的看法。

人类发展的每一种单作作物看似都可以独立存在于自然界，成为生产黄瓜、南瓜或葡萄的“完美送货机”。但事实并非如此。大自然是一张网，由关键物种和互利共生关系共同维系。如果我们失去了蜜蜂，也会很快失去许多水果、蔬菜等作物。这些作物几乎无法通过人工授粉来维持它们目前的售价。大多数人会发现，他们的选择被局限在那些不依靠蜜蜂授粉也能生存的植物上。而即便蜜蜂能够生存下来，如果养蜂变得太难，许多支持着食物体系的游牧养蜂人也不得不“解甲归田”，另谋出路。尽管他们对自己的产业满怀热情，却仍然需要赚到足够的钱才能生存下去。在北美，授粉策略只有在用卡车沿着公路运送蜂箱是经济实惠的前提下才能奏效。

蜜蜂是风向标物种。它们对景观的细微变化很敏感，所以蜜蜂通常是反映环境总体健康状况的绝佳指标。蜜蜂也很脆弱，它们会浓缩化学物质，还会在紧凑的蜂巢中经历生死。如果一只蜜蜂生病了，就会传染所有的室友。 252

如今，蜜蜂正暗示着人类，这个世界出了很大的问题。明智的做法是听一听它们的呼声。如果蜜蜂消失了，许多重要的食物物种也会随之消失。

令人欣慰的是，我第一次发现自己可以伸出援手，直接帮助我正在研究的物种。蜜蜂需要具备不同食物来源的栖息地，于是我去了自家果园，在草地上撒了几袋三叶草种子。松软洁白的三叶草花将是本地蜜蜂的绝佳食物来源。

每个人都可以为它们做一些简单的事情。我们可以避免使用杀虫剂，可以种植蜜蜂作物，可以让我们的草坪更有野趣，多种一些不同类型的植物。当然，我们还可以支持当地的蜂蜜酒制造商。工作完成了，我裹紧衣服，打开一瓶上好的干蜂蜜酒，踏着落叶，走向果园里的吊床。在那里，我梦见了遥远春天里的花朵。

第十三章

侘寂

253

冬天的最后一刻，我回到固兰湖岛的公共市场，在一张桌子旁坐下，喝杯咖啡，看看报纸。在那里，我有一个最喜欢的角落 —— 楼上阁楼的歇脚处，从这里可以看到大海和熟食区，也可以看到小贩们在工作。夏天时，我很难抢到这张桌子，因为市场里挤满了涌入食品大厅的游客。每年有一千万人来固兰湖岛旅游，这也表明，美食胜地越来越受欢迎和认可。但在冬季的工作日，摊位前的过道沉寂下来。我边啜咖啡边翻报纸，时而看着寿司摊主卷寿司，时而望向水面上的船只。这座城市氤氲在潋滟的冬日湖光里。

即使在这个最清冷的季节，每个摊位上也堆满了食物。这里有来自世界各地的异国香料：新鲜辣根、干安丘辣椒、南非青柠叶。这里有高 254 品质的海鲜，包括不列颠哥伦比亚省标志性的大片红色烟熏鲑鱼。甚至有一个摊位专门出售用去年夏天开的花酿制的本地蜂蜜。农产品供应商提供来自世界各地的新鲜水果和蔬菜，包括在成熟期采摘的澳大利亚芒果，采收当天就被用飞机运往北方。我折上报纸，下楼在李的摊位前停下来，这里有一摞刚出炉的美味柠檬蛋糕甜甜圈，还是热乎乎的。它们经由手工塑形、切片，浸了一层馥郁的糖浆，放在方形的蜡纸上。我顺手买了一个，边吃边在摊位前闲逛。

现在，我观察市场的角度已经不同了。我打量着这些摊位时，脑海中挥之不去的是世界上已经灭绝的食物留给我们的教训。经过"坦德兰肉铺"那一排排完美的雪花牛排时，我想起了猛犸象和原牛的时代，也想起了从旧石器时代到新石器时代那些不可避免的转变——随着大型动物数量的大幅减少，人类不再猎杀巨型动物群。在我看来，向农耕社会转变是一种必然，即便最早的农耕技术导致了饥饿和健康状况恶化——因为支撑人类狩猎和采集生活方式的大型动物消失了。我对着那一堆整整齐齐的里脊、牛排赞叹不已，这是最后一种伟大的大型可食用动物——奶牛供给我们的昂贵奢侈品之一。就在我撰写本文的时候，养牛场仍在继续扩张，占去了亚马孙雨林砍伐面积的70%。这些牛排的代价是对气候的负面影响、巨大的用水量和栖息地的丧失。我们需要重新考虑奶牛的问题。细胞农业提供了一个潜在的解决方案，或更多地转向以植物为基础的替代品，这样既能满足我们的胃口，又能降低生态代价。

类似的故事也在奶酪摊上演，数百种奶酪巧妙地陈列在那里，蕴含着风土条件，也就是法语概念中难以名状的"地方味道"。在"本顿兄弟"的摊位，我尝了一块来自加州柏树森林牧场的洪堡雾奶酪，奶酪表面有 255

标志性的灰色条纹。这种奢侈的选择可持续吗？未来的食物还会不会包括这种美味的奶酪，或是稀有的冰岛奶牛黄油？又或许，未来的工业乳制品业务会在土地便宜、劳动力成本低廉的地区迅速扩张？细胞农业会像精酿啤酒那样普及吗，让大桶中生产的牛奶遍布我们的社区？又或者，新技术会进一步集中生产乳制品？保险起见，我又拿了一块奶酪样品。2018年，加拿大安大略省圭尔夫大学（University of Guelph）的研究人员发布的一项研究表明，地球上没有足够的土地为每个人提供北美式饮食。肉类和乳制品是问题的关键。

我在“杰克逊家禽”的摊位前停了下来。成堆的鸡胸肉等在那里，已经被制备好做快手菜。基辅鸡肉里填满了香草和黄油。蓝绶带鸡肉卷里夹着火腿和奶酪。佛罗伦萨鸡肉塞着菠菜和蘑菇。以前我不知道人类的食物体系里到底有多少鸡肉，但而今它随处可见：大学的午餐、菜单上的标准选项、快餐和超市里的主食。看到那些裹着面包糠的鸡肉摞成整齐的金字塔时，我很难不联想起空中的旅鸽遮天蔽日的场景。我想和那些致力于复育旅鸽的科学家一样乐观，但我们还能再为这种鸟腾出空间吗？几次重读《美食家》，我都会惊叹于兰霍菲尔精心烹制的鸽子，想象着在镀金时代的晚宴上流连忘返，在煤气灯下，银盘盛着的菜肴被一道接一道地端上餐桌。

256 我继续在市场中穿行，避开一大拨赶早来采购的顾客。旅鸽已经灭绝，留下的教训直接适用于另一种群居生物：鱼。我在延绳海鲜市场停了下来，对着那些红宝石般闪闪发光的金枪鱼赞叹不已。

食物灭绝的故事必然会将我们引向海洋。在人类历史的大部分时间里，我们没有能严重影响海洋物种的技术，而一直受益于海洋的馈赠。我把海洋留到最后，其实我从未忘记过它。在冰岛，我看到寂静的港口上泛着蓝荧荧的浮冰，海中满是鳕鱼。在夏威夷，我看到海浪拍打着黑色的沙滩。在西海岸的家中，我享用着海岸线上收获的美味。

海洋是人类的老朋友，我们忽视它的健康，就会面临危险。

水覆盖了地球表面70％以上的面积，仅太平洋就占据了地球表面的30％。据估计，这片广袤的海洋下有70万到100万个物种，其中三分之二尚未被发现、命名、描述过。与陆地生态系统相比，海洋生物是分散的，只有1％或2％的地球生物位于海洋中。但海洋生态系统同样重要。全世界10％的人口以渔业为生，43亿人的蛋白质摄入中至少有15％来自海洋。平均下来，我们每人每年会食用将近20公斤鱼，不过个体之间差异很大。岛国上的人仍然高度依赖海产品。

海洋食物生产中，捕捞的野生产品和养殖水产各占一半。其中数量最多的是鳍鱼类。鲱鱼和凤尾鱼等较小的鱼主要被用作动物饲料，而鳕鱼等旧标准中的鱼类最终出现在了我们的餐桌上。蛤蜊和牡蛎是最常被捕捞和养殖的软体动物，最主要的甲壳纲动物是虾，不过龙虾在某些地区也很重要。海藻（包括海水养殖的海藻）是一种重要的蔬菜产品，也是从冰淇淋到碘盐等各种食品中使用的添加剂来源。海洋塑造了我们的城市，几乎所有的大集镇都依赖水资源，海洋依然在为现代贸易体系提供便利。

257

我的故事也由水开始。我最早的真实记忆源自海洋，那天我在叔叔的小木船上钓鲱鱼。那天他带我出海，交给我作为渔民家族成员的第一项真正任务：他拉网的时候，会把闪闪发光的银鱼扔给我，我把它们放进鱼饵箱。一切准备就绪之后，在船舱的小油炉上，他用一口破旧的锅给我煮了热巧克力。之后，他用鲱鱼钓鲑鱼，因为鲑鱼可以卖钱，也可以做晚餐，这取决于当天的收成。这是一个在寒冷海域中捕鱼为生的家族很早就习得的经验。我父亲是在海上出生的，那是一个漫长的冬夜，在不列颠哥伦比亚的达西岛（D'Arcy Island）附近。这种生活方式一直延续了下来，四十年后，他建造了自己的大比目渔船“亚纳号”，有16.5米长。我父亲追捕大比目鱼，就像从前的猎鸽人追赶鸽群。

无论是海岸线还是最深的海沟，海洋正处于危机之中。作为地球上所有生命的起源，海洋正受到气候变化、过度捕捞和污染的威胁。气候变化对海洋的破坏尤为严重。在正常情况下，海洋会吸收二氧化碳，这些二氧化碳被海洋生物吸收，并封存在石灰岩中。然而这是一个缓慢的过程。如果大气中的二氧化碳含量上升过快，海洋就会酸化，威胁到适应了微碱性海洋环境的海洋生物。在这样的环境中，甲壳纲动物和软体动物尤其难以长壳。海洋也在变暖，因为吸收了被大气锁住的多余热量，这也给冷水种生物带来了挑战，比如我所在地区的标志性物种——鲑鱼。随着海水吸收热量、不断扩张，融化的冰盖径流增加，海平面正在上升。海平面上升对珊瑚礁、湿地和海滩构成了直接威胁。

258

污染也对海洋生物构成了威胁，而且海洋污染很难补救。我们可以在海洋中找到几乎所有可能的污染物：农业径流、污水、激素干扰药物、石油化工产品、积聚的重金属污染物。茫茫大海中，仅塑料就有一亿多吨，在海浪和阳光的作用下被分解成微小的窒息性颗粒。海洋中还有

300多万艘沉船，其中许多尚未被勘探，船上装载的货物正慢慢浸入海水环境中。海洋污染是个太大的议题，无法在此进行全面探讨，而对海洋进行一次全面而有意义的清理则需要耗费数百年的时间。

海洋面临的第三个威胁是过度捕捞。全球渔业正濒临大幅衰退。世界上30％的商业渔场被过度捕捞，另外60％也已被完全捕捞。每年约有9000万吨鱼被捕获并食用，另有3800万吨鱼被捕捞后丢弃，这些鱼被称为“附带捕获”，是被人类意外捕获但不想要的。另有2000万吨左右的非法捕捞渔获。目前，大型鱼类的数量大约是历史最大值的10％，而在地中海等较小海域，几乎所有的鱼类种群都已被过度捕捞。

一旦我们开始对某一物种进行商业捕捞，其数量就会迅速减少，会在头十五年内平均减少80％。处置失当所付出的代价是高昂的。美国粮食及农业组织估计，在过去三十年内，渔业衰退所造成的损失为2万亿美元。2006年发表的一项研究预测的形式相当严峻：如果人类继续像现在这样捕鱼，到2048年，世界上所有的渔业都将崩溃。

259

*

我们还有时间阻止海洋物种灭绝的浪潮。虽然存在过度捕捞的现象，但与陆地上的灭绝率相比，海洋、河流和湖泊的物种灭绝率低得惊人。在过去的500年里，只有3％的物种灭绝发生在湖泊或海洋中。这有几个原因。当然，海洋比陆地大。直到最近，我们在技术上还没有能够像进入陆地生物群落那样进入海洋。我们发现的最古老的船是一艘独木舟，可以追溯到大约1万年前，也就是新石器时代早期，不过很可能在那之前就有人航海了。有了船，人类的活动范围仍然非常有限。我们必须开发龙骨、舵、帆、泵，掌握确定经度的能力以及长途航行的能力。后一项挑战需要我们能够保存食物、携带足够的水，同时确保饮食可以防止坏血病和其他船上疾病。最简单的办法就是靠近海岸航行。

在古代，船对希腊、苏美尔、埃及和印度的成功至关重要，但它们的影响主要发生在浅水区。老普林尼和希罗多德（Herodotus）详细描述了捕鱼的过程，他们笔下的收获规模很小：用的是单线和小巧、易碎的手工渔网。除了捕鲸业，直到第二次世界大战之后，人类才真正产生了对海洋环境产生影响的能力。那时，渔业加工船能够在深水中拖着数英里长的渔网，在海上停留数月，处理和冷冻捕获的鱼。这时的海洋收获，相当于人类在拥有铁路和电报后，就开始大规模猎杀旅鸽的阶段。如果我们不立即采取行动减少海洋猎获量，陆地上群居动物的灭绝就会成为可能在海洋中发生的事情。

260

一些水生物种的灭绝，可以让我们了解未来海洋损失的可能性。回想一下，岛屿的灭绝率比大陆高得多，因为它们是地貌的缩影。湖泊和河流是岛屿的镜子，独特的物种生活在这种封闭的环境中。大多数鱼类灭绝都发生在这里。布里斯班河鳕鱼是一种不同寻常的鱼类，兼有淡水和咸水鳕鱼的特征。欧洲殖民者试图在澳大利亚充满挑战的环境中获取足够的食物，造成了栖息地破坏和过度捕捞，导致这种鳕鱼濒临灭绝。艾氏欧白鱼也遭遇了类似的命运。这是一种土耳其安纳托利亚的贝伊谢希尔湖（Lake Beyşehir）特有的鲤鱼。据说这种鱼很美味，名字有“天堂之鱼”的意思。它们上桌时通常会搭配一点漆树粉。2014年，艾氏欧白鱼被宣布灭绝。日内瓦湖白鲑也遭遇了同样的命运。这种淡水白鱼被发现于瑞士日内瓦湖底附近，是那里19世纪最重要的渔业鱼类之一。1890年时，这种鱼还占到该湖总捕鱼量的70%，以味道清淡、肉质紧实而备受青睐。如此珍贵的鱼类在20世纪初消失了。

北美五大湖为商业渔业枯竭提供了另一个研究案例。在欧洲人来此定居之前，五大湖区盛产鱼类，孕育了易洛魁联盟（Iroquois Confederacy）等先进文化。随着欧洲人开始在该地区定居，大量商业海产品开始流通，从安大略湖的鲑鱼、伊利湖的红点鲑，到整个湖区的白鲑。到1850年，每年的捕鱼量为2万吨。到20世纪初，这个数字上升为3万吨。然而，这些数字掩盖了渔业逐渐枯竭的事实。鱼类资源逐渐减少，渔民使用的船只越来越大，技术也越来越先进；随着鱼类种群数量的减少，渔民的关注点从一个物种转移到了另一个物种。入侵物种（如海洋七鳃鳗寄生虫）和污染（尤其是白鲑体内积累的汞）都破坏了鱼类种群，导致渔场关门。曾经养活了一万多名雇员的渔场，现在只剩下几百名渔民，鱼类种群数量比峰值下降了95%。该区域灭绝的物种包括蓝大眼狮鲈、基氏白鲑、匙吻鲟、叉斑厚唇雅罗鱼、深水鱼、黑鳍鱼和短吻白鲑，以及安大略湖大西洋鲑。如果我们不控制对海鲜的口腹之欲，不扭转对水生生态系统的破坏，我们就会在海洋中体验到湖泊生物灭绝的种种后果。

261

一些海洋哺乳动物也濒临灭绝。最臭名昭著的灭绝事件是大海牛，又称“*Hydrodamalis gigas*”。在1741年，欧洲人发现了海牛，即使在那时，它们也只在阿拉斯加和俄罗斯之间白令海域的科曼多尔群岛附近现身。成年海牛身长可达9米，身上有大量脂肪，以适应极端寒冷的环境。大海牛以博物学家格奥尔格·威廉·斯特勒（Georg Wilhelm Steller）的名字命名，他随“圣彼得”号参与了丹麦探险家维图斯·白令（Vitus Bering）的北征旅程。斯特勒有很多时间观察海牛，因为探险队在白令岛遭遇海难，饱受坏血病的困扰。

262 斯特勒用树叶和浆果治疗幸存的船员，并协助他们捕获海牛。他注意到这种动物非常美味。据描述，海牛肉类似于腌牛肉，但需要长时间烹饪。他指出，这种肉本身就是咸的，很长时间之后才会变质，而且脂肪没有气味，香甜的海牛奶还可以制成黄油。对于遭遇了海难，只能以船上生蛆的饼干为生的水手们来说，海牛是神奇的食物。

白令死在了以他之名命名的岛上，幸存者设法用船的残骸重建了一艘船，回到了探险队大本营。俄罗斯探险家、捕鲸者和商人追随着探险队的脚步，仅仅27年后，大海牛灭绝了①。大海牛提醒我们，和大型陆生动物一样，如果要捕获海洋中的庞然大物，就有可能导致其灭绝。大海牛坐落在宏伟的生态金字塔塔尖，数量少，寿命长，繁殖缓慢。

有生之年，我领略过海洋的丰饶，但这样的丰饶之海在人口稠密的海岸早已不复存在。另一段童年记忆是去挖蛤蜊。我想起那时的月光和寒意，还有海水轻轻冲刷沙滩上卵石的声音。叔叔提着灯笼，父亲把蛤蜊叉插进潮水边缘坑坑洼洼的淤泥中。我的工作是迅速拾起在冷水中闪闪发光的石房蛤②。当时，这就是我生活的一部分，但现在回想起来，

---

① 同时在这次探险中被命名的暗冠蓝鸦（The Steller's Jay）至今仍在。

② 我记得那天真的非常冷。

从大自然中随意采撷一顿美味是件多么奇怪的事情啊。

回到家后，奶奶会用柴炉蒸蛤蜊，做成浓郁的热汤和蛤蜊蛋糕，再配上厚厚的酸奶油。她会说现在的海洋生物少了很多，她小时候，只消几分钟就能钓到一条鳕鱼当午餐，还可以在浅滩上一边蹚水一边捡螃蟹。 263

如今，海洋生物更少了。在固兰湖岛市场，首长黄道蟹的价格是40美元一磅。全球海产品种群数量在直线下降。自1970年以来，包括金枪鱼和鲣鱼在内的鲭科可食用鱼数量下降了74%，海洋生物种群总量平均下降了50%。受影响的不仅仅是海洋及海洋物种。红树林的面积正急剧缩小，因为它们的咸水栖息地正被清理成虾类养殖塘，来满足北美对甲壳类动物需索无度的贪求。

目前，三分之一的商业鱼类资源被列为“过度开发”。有些损失非常具体，与奢侈食品直接相关。在主要渔区，海参的数量下降了98%；25%的鲨鱼面临灭绝的威胁，因为在过去几十年里，鱼翅的捕捞量增加了300%。世界各地的鱼类种群都处于危机中。根据陆地上的经验，种群越小，物种越容易灭绝。

最具代表性的鱼类也未能幸免。下一个灭绝的可能是蓝鳍金枪鱼（*Thunnus thynnus*）。我记得第一口蓝鳍金枪鱼的滋味。那是1990年的复活节周末，父母难得带全家去一次市里，更难得的是去了一家海滨酒店吃自助早午餐。我欣喜若狂。酒店有门卫，洗手间里有一篮篮纯棉毛巾。自助餐厅有华夫饼台。（我非常喜欢华夫饼台。）热气腾腾的保温箱里盛满你能想到的各种早午餐菜式。我们发挥了维京人的传统，大肆“掠夺”起来。

264 餐厅还有一个寿司台。在那时的温哥华，寿司并不是随处可见的，我和妹妹虽然从小在渔民家庭长大，但一想到要吃鱼生就害怕。但金枪鱼有某种魔力，它们泛着红宝石般的光泽，被玻璃冷柜保护着。妹妹鼓动我尝尝。厨师非常有耐心，也许他在我身上看到了什么。他看着我像接受过训练的美食家一样，有条不紊地吃了自助餐里的每一道菜。我想他很清楚我尝了第一口寿司后会发生什么。

很快，我就看到一条红宝石色的正方形鱼肉颤巍巍地躺在米饭上。厨师教我如何将有鱼的那一面朝下蘸酱油。我记得自己期待着弥漫在我们“亚纳号”上的那种气味，以及一种伴随了我一生的味道。把这个握寿司放进嘴里时，我感觉就像是在夏日的海洋里畅泳。它曾经是、现在仍然也是我吃过的最美味的食物之一。这是我的“黄金时刻”，我一生研究食物的命运就此展开。厨师看到我这位愿意光顾的食客，终于松了一口气，带我参观了他所有的“展品”，哪怕我穿着一身不合体的考究衣服，哪怕我只是个小孩。那里当然有蓝鳍金枪鱼赤身，还有金枪鱼大肥、现在已经很难找到的罕见鲍鱼（在不列颠哥伦比亚省被过度捕捞，已经濒危）、赤贝（和我奶奶用来熬汤的蛤蜊完全不同）、章鱼（我当时不喜欢，现在也不喜欢）、奇怪的海胆（尝起来像潮汐最远处的味道）。从那以后我就一直吃寿司。如果我没记错的话，我的家人对此相当震惊，尤其是我开始要求专门去寿司店的时候。

但我再也不吃蓝鳍金枪鱼了。

这种值得称道的金枪鱼体形巨大，体重可达500公斤。大西洋蓝鳍

265 金枪鱼是野生的顶级掠食者，相当于海洋中的剑齿虎。它一直深受渔民

们的喜爱，他们喜欢在水面上与这么大的鱼搏斗。到20世纪30年代，从纽约和新英格兰出发的包船带来了捕猎的挑战，但多年来，他们要么浪费了这些鱼肉，要么把鱼肉卖去制作宠物食品。当地几乎没有鱼生市场，而蓝鳍金枪鱼煮熟后又硬又无味。作为一种商业食品，大西洋蓝鳍金枪鱼的兴衰需要运输工具上的创新，但这一次不是依靠铁路。大西洋蓝鳍金枪鱼作为商业鱼类的故事始于一家航空公司和泡沫塑料包装箱的发明。

几个世纪以来，蓝鳍金枪鱼一直带给水手和科学家们种种惊叹。1758年，林奈本人首次正式描述了这种鱼。这些庞然大物在海洋中巡游，高度发达的厚厚的肌肉块，专为适应寒冷的深水而设计。成熟的鱼可以超过两米长，可以存活半个世纪，生长迅速，但产卵较晚。它们可以潜到海面下500米深的地方，时速可达65公里。蓝鳍金枪鱼以沙丁鱼、鲱鱼、鱿鱼和虾等较小的动物为食。地球另一端的日本有着利润丰厚的潜在市场。到20世纪60年代，太平洋蓝鳍金枪鱼在日本的销售非常火爆。如今，全球约80%的太平洋、大西洋和南方蓝鳍金枪鱼都是被日本消费的。在东京的筑地市场①，一条鱼的价格可能高达数十万美元。早在19世纪40年代，太平洋蓝鳍金枪鱼第一次出现在江户的市场上时，金枪鱼握寿司就受到人们的喜爱。后来，日本开创了深海捕鱼和速冻技术，大大增加了金枪鱼的捕获量。到20世纪60年代，太平洋蓝鳍金枪鱼成为最受欢迎的寿司鱼生食材。而大西洋蓝鳍金枪鱼却生活在地球的另一端。

---

① 筑地市场曾是全球营运规模最大的鱼市场。—— 编注

266

南北半球之间的金枪鱼贸易真正始于20世纪70年代初，当时日本航空要求货运部门的一名员工寻找任何能从北美运往日本的东西。随着日本制造业的蓬勃发展，一架架满载电子产品的飞机正从日本驶向美国。而这些飞机不得不空载返回。冈崎晃（Akira Okazaki）开始寻找一些既需要快速运输（适合飞机运输），又会在日本受到高度重视的东西。他想到了金枪鱼，这种鱼在日本售价很高。航空公司的加拿大代表韦恩·麦卡尔平（Wayne MacAlpine）为他找到了一批未经开发的种群。在新斯科舍省（Nova Scotia），获得特许捕鱼权的企业正在捕捞重达500公斤的金枪鱼。满怀豪情的游客拍完照后兴尽而归，这些公司转眼就把金枪鱼埋进垃圾填埋场。

一门理想的生意由此诞生。最初的几次尝试都以失败告终——事实证明，运输鱼类时很难做到不碰伤或不腐烂。1972年，当第一批大西洋蓝鳍金枪鱼被装入新设计的泡沫塑料容器，保证它们不会直接受损后，这个问题得到了解决。然后，这些鱼被装入特殊的冷藏运输装置，空运到日本。

可以预见的是，蓝鳍金枪鱼成功在全球运输，影响了金枪鱼的种群数量。起初，渔民们争相捕捞蓝鳍金枪鱼，因为突然之间，它们成了一种利润丰厚的渔获。但随着蓝鳍金枪鱼被蘸着酱油一口一口吃掉，供应量逐渐减少。东大西洋的蓝鳍金枪鱼种群数量减少了70%，西大西洋的种群数量下跌80%。大西洋蓝鳍金枪鱼的繁殖速度不足以让它们在如此残酷的捕食中生存下来。

鉴于物种的价值，全球已开展限制捕捞的合作。和大多数濒临灭绝的物种一样，没有人真的希望这种鱼就此灭绝。国际大西洋金枪鱼保护委员会曾试图推行配额制，但这一做法毁誉参半。由于日本的反对，联合国拒绝了美国主导的禁止蓝鳍金枪鱼贸易和捕捞的禁令。蓝鳍金枪鱼被美国国家海洋和大气管理局渔业服务部列为关注物种，但其前景仍不明朗。不过，自1998年开始实施积极复育举措以来，该种群数量已经增长了约20%。 267

那太平洋蓝鳍金枪鱼呢？自从这种鱼在20世纪60年代流行以来，它在太平洋中的数量已经下降了96%。

我们可以在拯救蓝鳍金枪鱼的同时食用它们吗？一个可能的解决方案是像对待古代的原牛一样对待这些珍贵的水生巨兽，捕获它们，然后人工饲养。针对蓝鳍金枪鱼的举措始于20世纪70年代加拿大新斯科舍省的圣玛丽湾。渔民们开始捕捉幼鱼，把它们关在巨大的围栏里，长成数百公斤重的怪物。然而这对保护野生种群没有任何作用，因为这些鱼是在繁殖前被捕获的，只有少数渔民能让它们在人工饲养的条件下繁殖。这种鱼也很难养。蓝鳍金枪鱼食量很大，这是个问题——被捕来当作大鱼饲料的小型野生鱼类资源也被耗尽了。

这些挑战并非蓝鳍金枪鱼养殖业所独有。水产养殖业被认为是罪恶的商业捕鱼业的解决良方。预计到2030年，养殖的鱼类将占鱼类产量的60%，但仍有一些关键问题亟待解决。最紧迫的问题之一是，人们不应该将野生鱼类当作肉食性养殖鱼类的饲料。水产养殖公司已经转而采用藻类和陆基饲料，如昆虫和豆制品，而且在效率方面取得了长足的进步。养殖1公斤鲑鱼需要1.4公斤饲料，鉴于生产1公斤牛肉需要10公 268

斤饲料，这一比例足以令人印象深刻。

水产养殖业向河流或海洋中排放的废水仍是一个更难解决的问题。鱼本就不该被养在这么狭小的区域。它们污染周围水域和海底，将疾病传播给野生种群。有报告显示，在不列颠哥伦比亚省，野生红大麻哈鱼受到养殖种群中海虱和鱼正呼肠孤病毒的威胁。这些问题促使不列颠哥伦比亚省政府组织拆除了位于主要野生产卵路线上的养鱼场。陆基水产养殖业可能会解决许多这样的问题，但对于大型肉食性鱼类，我们的非海洋水产养殖方式仍在完善之中。目前，把鱼转移到养殖场并非解决野生海洋物种威胁的万灵药。

我走过市场里的螃蟹缸，沉浸在思绪之中。把握寿司放进餐盘，把鱼子酱盛入羹匙，把上好的三文鱼排放到烤架上，我们费尽心力所做的一切暴露了捕捞野生渔获的弊端。大型鱼类是像原牛一样的大型动物；小型鱼类则像群居的旅鸽。一不小心，海洋物种就将遭遇与它们的陆生表亲相同的命运。

水产养殖业还不太可能为投入密集型的大型鱼类养殖提供长期解决方案。但在陆地上养殖小型鱼类却很容易。最近，我在一家本地餐馆享用了一顿美餐，厨师端上的开胃菜是苦苣、豆瓣菜和一点海篷子（也被称为海芦笋），上面放着新鲜美味的大虾。这些虾从未见过大海，它们被养殖在温哥华郊区兰利的一个仓库里，距海洋50公里。这些虾以陆地生产的蛋白质为食，既有助于保护世界上的红树林，又能让我们享用到海鲜开胃菜。

269 从思绪中回过神来，我走进固兰湖岛农产品店。我得为和丹的最后一次“灭绝晚餐”买些食材。首先要来点紫胡萝卜。自从一头扎进灭绝的果蔬世界，我吃过的果蔬栽培种就越来越多。我仍然好奇安索梨的味道，但随着食品店为迎合更注重食物品质的人群而引入越来越多的新栽培种，我也想感受一下这些新品种和重新被引进的栽培种的味道。这当中我最喜欢的食物之一是紫胡萝卜。

胡萝卜是我们冰箱里蔬菜保鲜格中的“新鲜面孔”。人们最早种植胡萝卜是在约公元900年的阿富汗，早期的胡萝卜有紫色或黄色的根。野生胡萝卜的根很小，分叉且有苦味。胡萝卜育种者面临的挑战是改善其形状，使其长大、增加甜度。17世纪的欧洲人开始培育白色和橙色的胡萝卜，而到了18世纪，印度培育出一种至今仍广受欢迎的红色胡萝卜。荷兰人首先培育出橙色胡萝卜，培育出当时最大最甜的根。传说橙色胡萝卜之所以受到荷兰人的喜爱，是因为当时荷兰正由奥兰治家族(House of Orange) 统治，但并没有确凿的证据证明这种联系①。橙色胡萝卜之所以流布广泛，很有可能是因为根块的形状和味道都很好。近四个世纪以来，西方国家其他颜色的胡萝卜都被它们挤出了市场。

在阿富汗，紫胡萝卜从未消失过，人们用它烹制多种菜肴，还用它做布的染料。紫胡萝卜的紫色来自花青素，这是一种强大的抗氧化微量元素。在20世纪的头几年，紫胡萝卜被重新引入西方。它们最早出现在英国，被杂货店包装成一种吸引儿童的零食。各年龄段的顾客都喜欢

---

① 威廉·奥兰治亲王率领荷兰人民反抗西班牙人的统治，掀起了一场轰轰烈烈的民族独立革命。相传，为了向奥兰治亲王表达敬意，荷兰农民特意培育出一种橙色（Orange）的胡萝卜来怀念他。—— 编注

270 这种颜色鲜艳的根茎类食物，现如今，在全球各地都能买到它们，成为我所谓的“新的古老栽培种”中的一种。我挑了一大包紫胡萝卜，又前往奇利瓦克河谷蜂蜜店。自从接触了蜜蜂和授粉，我就常用蜂蜜做菜。我打算烤几根紫胡萝卜，再刷上一层蜂蜜。

我还有一站要去。经过一番搜寻，我找到了要找的东西：一种不同寻常的香料。这将是我探索“绝世美味”和食物未来的最后一次品尝体验。我把小罐子塞进包里。采购完毕，我吃了一盘泰式炒河粉。这一次，我很明智地坐在了室内的窗边，躲开了潜伏在侧、来者不善的海鸥们。

*

走进丹的厨房，迎接我的是一种天堂般的香气。灶上有好几口锅，丹正在搅拌约克郡布丁面糊，这些面糊需要在最后放进烤箱前再醒一会儿。看起来他对自己的成果很满意。餐厅的壁炉发出欢快的噼啪声，桌上摆着他最拿手的菜。

“还以为我们只会吃些胡萝卜和兵豆。”我说。

他抬起头，示意我过来。“是的，不过我觉得我们需要一些配菜。”

我打开几个锅盖。“豌豆和土豆？”我问。

“是配菜。”

“烤箱里还有烤肉，一大块烤肉。”

“也是配菜。”

“那约克郡布丁呢？”

“当然是配菜的配菜。”

“我猜，蛋挞是甜点。”

一个可爱的梨挞正在台面上冷却，酥皮已经微微变褐，水煮梨片被巧妙地摆成螺旋形。

“没错。所以，让我们赶紧料理你带来的兵豆和胡萝卜吧。我饿了。” 271

我们把胡萝卜洗干净，切成大块，和一点蜂蜜、橄榄油、黑胡椒和龙蒿一起拌匀。我在上面撒了点海盐，然后把它们放进烤箱里。丹炒了洋葱，我们把之前煮好的黑兵豆拌进去。在兵豆炖菜中，我们加入了考察中的最后一种神秘成分：阿魏。罐子打开，丹皱起鼻子。

“哇，这味道很有冲击力。”

我深吸了一口气，想弄清楚它闻起来是什么味道。也许有点像芹菜。和洋葱味混在一起，也有点像青椒。“它闻起来有点像卡津炖菜①，但味道更浓。”

“是的，也许里面加了韭葱。有意思。”丹一边闻一边说。

我们随意加了几勺阿魏，让兵豆慢慢炖着。

阿魏是阿魏属植物主根分泌的干燥乳胶，阿魏属植物是多年生草本植物，原产于伊朗和阿富汗的沙漠。这些植物是银色的，能长到齐腰高。它们在印度被广泛种植，在那里，这种树胶被称为“形虞”（hing）。这是一种辛辣的香料，被用作调味品，用于腌渍食物或给食物提鲜。阿魏

① 卡津菜，或称卡真菜，是由卡津－阿卡迪亚人发明的一种菜系。18世纪，卡津－阿卡迪亚人被英国人驱逐到路易斯安那，在那里，他们将西非、法国和西班牙的烹饪方式与传统烹饪方式相融合，用菜椒、洋葱和旱芹作为“三位一体”的基础食材。——编注

常与姜黄一起加入咖喱中，包括丹和我正在做的兵豆炖菜。偶尔，它也会与盐一起撒在沙拉上。这种硬化乳胶既可以被制作成琥珀般的块状物，也可以预磨成粉。我们用的阿魏气味冲到让我害怕，但随着菜越来越热，它的气味很快就变淡了。即便如此，它也是佛教徒忌食的五辛①之一。

我之所以要尝试阿魏，因为它不是罗盘草。还记得罗马最重要的香料——昔兰尼的罗盘草吗？我把它留作“绝世美味”的最后一餐。从各方面来看，罗盘草都堪称“终极灭绝食物”。据说它非常美味，而且经济价值高、文化意义重大。罗马人一意识到罗盘草正在减产，就开始担心他们会失去它，遂试图积极保护这种他们最喜欢的植物，但无济于事。尽管罗盘草曾经很受欢迎，但我们不知道它到底是什么。我们认为它是阿魏的“近亲”，但也可能是一种完全不同的植物。目前人们尚未发现罗盘草或其衍生制品的标本。

272

我们知道阿魏至少与罗盘草相似，因为它常被列为已经灭绝的名贵罗盘草的替代品。最初，亚历山大大帝在波斯发现了阿魏，将它带到古地中海。但那时它并非一个受欢迎的替代品。阿皮基乌斯（创作了著名罗马烹饪书的美食家，可能是虚构出来的）、老普林尼等人都认为罗盘草更好。迪奥斯科里德斯②在1世纪写道，阿魏作用有限，而且气味难

① 还有洋葱、大蒜、葱和韭菜。佛教徒将阿魏与韭菜同归一类。

② 佩丹尼乌斯·迪奥斯科里德斯（Pedanius Dioscorides，约40—90），古罗马时期的希腊医生与药理学家，曾被罗马军队聘为军医。其希腊文代表作《药物论》在之后的1500多年中成为药理学的主要教材，也是现代植物术语的重要来源。——译注

闻。

但罗盘草呢？我已经提到过它神奇的起源故事，但我们知道的事实是：公元前7世纪希腊人在昔兰尼加（Cyrenaica）定居后，该地区的出口贸易开始活跃起来：小麦、大麦、橄榄、苹果、无花果和罗盘草。昔兰尼加有自己的微气候，这里是一片被沙漠包围的郁郁葱葱的阶梯状高原。据描述，罗盘草在这片土地的荒野中顽强生长，蔓延至任何受干扰的地面。老普林尼写道，罗盘草的茎像茴香，叶子像欧芹，扁平的叶状种子呈心形（事实上，这些种子可能是我们心形符号的灵感来源）。根据普林尼的描述，学者们推测罗盘草可能属于阿魏属。

273

罗盘草可做食物，也可入药。罗盘草茎可用来调味。作为调料，这种草茎在古代饮食书中有多种用法。它还可药用。老普林尼认为，罗盘草是“大自然送给人类的最珍贵的礼物之一”。它可以助消化，还能治疗各种胃肠疾病。

更加珍贵的是罗盘草树脂，可治疗感冒、镇痛，甚至治疗脱发，还能治狗咬伤和蝎子蜇伤。老普林尼称，把罗盘草树脂溶于水，喝下后能有效“中和毒蛇和有毒武器的毒液”。和罗盘草茎一样，树脂也可用于烹饪。罗盘草的叶子也有用处，可以用来喂牛羊，据说用罗盘草叶喂过的牛羊肉味道更好。罗盘草的叶子和茎一样，似乎也有通便作用。老普林尼说，用这些叶子喂牛，“一开始叶子会让牛排便，之后便会长脂肪，肉的味道也得到了不可思议的改善”。

昔兰尼加盛产罗盘草。它们生长在昔兰尼首都附近的大型半野生种植园中，被出口到整个地中海地区。罗盘草对昔兰尼加的经济至关重要，甚至被印在了货币上：昔兰尼加所有的硬币上都有罗盘草的图案。虽然不够写实，但描绘的植物中央有根粗壮的茎，叶子从茎部生出，上面长着一簇簇小花。尽管我们很难想象罗盘草在野外生长的样子，但这个图案支持了罗盘草可能是茴香失散已久的“表亲”这一论断。

据说罗盘草的味道有点像煮过的韭菜。它深受人们喜爱，出现在许多菜谱中。阿皮基乌斯的书收录了400多种食谱，食材来自整个罗马帝国。罗盘草在这些食谱中占有重要地位，与其他受欢迎的香草和香料一起出现，比如孜然芹、小豆蔻和薄荷，用来给肉和蔬菜调味。阿皮基乌斯推荐在各式菜肴中使用罗盘草，例如鸡肉、猪肉、羊肉、鱼、香肠、兵豆、鸡蛋、萝卜、南瓜和南瓜属的其他食材。他还喜欢用罗盘草拌沙拉，把它撒在甜瓜或生黄瓜片上，或者用来给油醋沙拉汁调味。他的许多食谱至今仍广为流传，但在世界各地的菜式中，罗盘草往往是人们唯一不熟悉的配料。还有一些食谱对我们来说似乎更不寻常，比如用生鸡蛋和煮好的猪脑制作斯佩尔特面包，或者用罗盘草调味的火烈鸟和睡鼠。罗马人把罗盘草根的汁液或树脂称为“激光”(laser)[①]，成为肉汁和各种肉菜酱汁的推荐调味料。

274

一些评论家认为，罗盘草可能实际上并未灭绝，因为我们不能确定它是什么样子的。一种假说认为，这种已经绝世的美味可能就是我们今天所知的某种茴香，也可能仍然生长在野外。但阿皮基乌斯的说法似乎与第一种假说相矛盾。他的许多菜谱都同时使用了茴香和罗盘草，在零

---

① 罗盘草也称“激光草”（laserwort）。—— 译注

零散散的评论中，他对这两种食材进行了区分。对他来说，它们显然是全然不同的植物。至于第二种假说，虽然有可能，但古昔兰尼遗址（现利比亚）周围的气候在几百年以来已经变得更加干旱，植被也因过度放牧而被啃食。

阿皮基乌斯明确指出，罗盘草在他的时代就已经消失了。虽然罗盘草可能是古希腊人的常见食材，但在他生活的时代，只有最富有的罗马美食家才买得起它。即使是因不惜重金采购最奢侈的食材而名声在外的阿皮基乌斯本人，也不得不想方设法节约珍贵的罗盘草。他在菜谱书中 275 提出了一种让少量罗盘草发挥最大作用的方法：先将“激光”（罗盘草根的汁液，也可能是用这种汁液制成的酱汁或粉糊）放入玻璃容器中，再将松子浸泡在这种液体中，储存起来，直到它们浸透罗盘草的味道。之后，碾碎的松子会被放入菜肴中，以增“激光”之味，据说，“激光”的味道浓烈且刺鼻。

我们也知道罗盘草和阿魏并非同一种植物。随着罗盘草变得越来越稀有，罗马食谱开始提倡用阿魏来替代它。几乎可以肯定的是，这两种植物是同一属，基于二者在味道、用途和制备技术上的相似性，阿魏似乎是现存最接近罗盘草的幸存“表亲”。然而，寻找绝迹的罗盘草的学者们注意到，对二者根茎的描述存在重大差异，而罗马食谱也证实了学者们的说法：阿魏是罗盘草真品的低端替代品。

随着罗盘草变得稀有，有钱有势的人开始囤积这种香料。尤利乌斯·恺撒甚至将700公斤罗盘草（以“激光”的形式）连同金银财宝一起藏进了罗马的金库。他这样做可能是出于烹饪以外的考量。尽管罗盘草可能很美味，但这种植物如此受重视，可能并非是出于庖厨之用。虽然罗盘草有助消化等药用功效备受推崇，但它还有其他更私密的用途。

据说罗盘草具有避孕作用。在整个罗马帝国，罗盘草根的树脂有时以“昔兰尼汁”之名出售。虽然我们不知道罗盘草是否真的能避孕，但 276 它有避孕功效的故事刺激了大众需求，身价也水涨船高。罗盘草也可能被用作堕胎药，据说能促使罗马贵族的情妇行经。

在公元纪年初期统治罗马的奥古斯都皇帝（Emperor Augustus）注意到罗马城人口下降到了令人担忧的地步，于是通过了鼓励公民生育的法律。无论出于何种原因，罗盘草在罗马贵族家庭中的需求量都很大。不法商人把掺假的“激光”卖给买不起纯罗盘草的人，有时甚至试图用阿魏冒充罗盘草，卖给分辨不出差别的下等人。虽然无数掺假制品和替代品可能损害了罗盘草的声誉，但它的树脂仍然是罗马帝国主要的避孕药品。当局很难立法禁止买卖这种植物。毕竟，罗盘草曾被用来治疗很多疾病，据说除了避孕外，还有许多保健功效。

罗盘草很重要。它是那个时代的香草。它不该灭绝。

让我不能理解的是，尽管罗盘草如此珍贵，人们还是让它消失了。罗马人有理由保护它，昔兰尼人有理由鼓励它生长。泰奥弗拉斯多说，这种植物不易种植，但会在被侵扰的土地上自然生长。因为太受欢迎，可能导致了过度收获。尽管佃农依赖于罗盘草的收入，试图以可持续的方式管理土地，但许多地主要求土地不间断地产出，不希望休耕以使土地休养生息。罪魁祸首可能还有人类日益增长的肉食需求，原本多产的 277 农业用地被用来放牧而非种植农作物。老普林尼认为，罗盘草的消失可能是过度放牧造成的，他说:“那些租下土地的农民认为，在地里放羊更有利可图。”

与此同时，古城的扩张导致了水土流失和栖息地破坏，这可能是城市发展导致物种灭绝的早期案例。

据说，一场黑雨促使罗盘草破土而出，七个世纪后，它又从地球上消失了。老普林尼写道，有生之年，他只找到过一根罗盘草茎。大约在公元54年至68年的某个时候，这根草茎被采摘下来，作为奇珍异宝献给尼禄皇帝。如果罗马人都能失去罗盘草，我们会失去什么？香草？咖啡？香蕉？听起来很可笑，但这三种作物确实各有弱点。人们采下最后一株罗盘草的时候，地球上大约有3亿人，人均国内生产总值约是现在70亿人平均水平的6%。根据这些数字，在人类世，如今的人类足迹是罗马帝国鼎盛时期的500倍。每一天，我们制造的阴影都在扩大。

*

餐厅里，橡木长桌旁的丹倒了一杯梅洛葡萄酒。砧板上的烤肉慢慢冷却，我准备把肉汁浇在我的约克郡布丁上。我尝了第一口兵豆炖菜。阿魏仍然让我想起芹菜，吃到最后有一丝韭菜的回味。我又端上一份健康的、闪着蜂蜜光泽的胡萝卜。

大快朵颐的间隙，丹向我抛出了许多与灭绝有关的问题。

“你觉得我们会失去更多食物吗？即使现在我们已经掌握了各种知识和技术。我知道人类正在破坏环境，但我们已经意识到了这一点，不是吗？罗马人虽然聪明，但他们没有我们拥有的工具。”

278

“我不确定。这很复杂。我担心越来越多的食物会灭绝。现如今，过度捕捞、栖息地丧失、气候变化等各种问题涌现出来。人类的需求也在不断增加。不是地球上每个人都能像北美人现在这样吃东西。”

“的确。但你发现有人在研究如何复活死灵动物，还有各种细胞农业项目，”他边说边晃了晃酒，“还有些人在复育那些古老的变种。合乎逻辑的结论是，这些技术可以让我们把耕种和放牧的大部分土地‘再野化’。我们可能会吃到现在无法想象的食物。”

我望向窗外的夜色：“这倒是真的。人类世是复杂的。我有一种强烈的侘寂感。”

“侘寂？”丹扬起眉毛。

“是禅宗的一个概念。一种以接受短暂和不完美为中心的世界观，以欣赏自然世界为基点，信奉没有什么是永恒的，没有什么会终结，也没有什么是完美的。我一直在思考这个概念。”

“所以我们应该悼念并接受我们失去的东西，尽己所能保护留下的东西吗？”

“差不多。侘寂的理念告诉我们，人应该热爱生活，在对生活的热爱和对生命中那些无可避免的逝去之殇间达成某种平衡。”

“所以，我们应该花时间保护香荚兰，而不是以某种方式复活罗盘草？”

279 餐厅壁炉里，余烬闪烁。烛台上的蜡烛快要燃尽了。丹耸耸肩，“好吧，我还是想试试松露烤旅鸽。但现在，让我们为这些‘绝世美味’举杯吧 —— 尽管事情不该如此。”

“敬已绝世的美味。”我笑着说。

丹将杯中酒一饮而尽，陷入沉思。

“好了，快切蛋挞吧。我要开瓶托卡吉贵腐酒。如果必须要思考生命无常，我得再喝一杯。”

“丹，我不会反对。”

丹去拿蛋挞，我喝光了最后一点梅洛葡萄酒。带着一点醉意，我望向那快要熄灭的壁炉中的余烬。罗盘草可能已经绝迹，但食物灭绝的未来仍有待书写。我把杯子放回餐桌的空盘中间，脑海中满是那些逝去的暗影。

参考资料

撰写本书的过程中，我阅读了很多精彩著作。以下是本书相关主题的参考书目，感兴趣的读者可进一步阅读。

第一章

Khosrova, E. *Butter: A Rich History.* Random House, 2016.

[美] 伊莱恩·科斯罗瓦：《黄油：一部丰富的历史》，文化发展出版社，2020年。① 这是一部关于黄油的权威著作。

Brillat-Savarin, J.A. *The Physiology of Taste*. Dover Publications, 2012.

[法] 让·安泰尔姆·布里亚-萨瓦兰：《厨房里的哲学家》，译林出版社，2013年。布里亚-萨瓦兰的经典著作，我喜欢这一版本。在美食书写和将烹饪作为一种艺术形式等方面，这是一本极好的入门读物。

第二章

Quammen, D. *The Song of the Dodo: Island Biogeography in an Age of*

① 参考资料中的相关著作，有中译本者俱已补充中译本信息。—— 译注

Extinctions. Random House, 2012.

282 这不是一本专门介绍渡渡鸟的书，而是一本关于岛屿生物地理学的绝佳入门读物。正是这本书激发了我对岛屿生态系统和烹饪文化的兴趣。

Mayor, A. *The First Fossil Hunters: Dinosaurs, Mammoths, and Myth in Greek and Roman Times*. Princeton University Press, 2011.

[美] 阿德里安娜·梅厄：《最初的化石猎人：古典神话与史前巨兽》，成都时代出版社，2023年。梅厄的研究消除了化石在古代不为人所知的误解。

Kolbert, E. *The Sixth Extinction: An Unnatural History*. Henry Holt and Company, 2014.

[美] 伊丽莎白·科尔伯特：《大灭绝时代：一部反常的自然史》，上海译文出版社，2015年。《大灭绝时代》是关于物种灭绝的最重要著作。随着物种消失得越来越快，这部著作既是绝佳的参考，也是及时的警示。

第三章

Martin, P.S., and H.W. Greene. *Twilight of the Mammoths: Ice Age Extinctions and the Rewilding of America*. University of California Press, 2005.

对那些有兴趣了解巨型动物群灭绝的读者来说，这本书提供了很多细节。

Lott, D.F., and H.W. Greene. *American Bison: A Natural History*. University of California Press, 2002.

我喜欢野牛，关于这种美好的动物的作品中，我最喜欢这一部。

Shapiro, B. *How to Clone a Mammoth: The Science of De-Extinction*. Princeton University Press, 2015 .

[美] 贝丝 · 夏皮罗：《复活猛犸象：一个古 DNA 科学家的探索》，上海科学技术出版社，2016年。夏皮罗的书很好地介绍了复活灭绝物种运动。

第四章

Hayes, D., and G.B. Hayes. *Cowed: The Hidden Impact of 93 Million Cows on America's Health, Economy, Politics, Culture, and Environment*. W. W. Norton, 2015 .

担心奶牛对环境的影响？ 读完这本书会加剧这种担忧。

Smith, A.F. *Hamburger: A Global History*. Reaktion Books, 2008 . 283

[美] 安德鲁 · F. 史密斯：《汉堡：吃的全球史》，漓江出版社，2014年。最好的一本关于美国人最喜爱的食物的书。

Brears, P. *All the King's Cooks: The Tudor Kitchens of King Henry VIII at Hampton Court Palace*. Souvenir Press, 2011 .

想深入亨利八世的厨房，了解让厨师引以为豪的内部细节吗？ 你应该读读这本书。这是一次对都铎王朝烹饪文化奇妙而深入的探索之旅。

第五章

Shapiro, P., and Y.N. Harari. *Clean Meat: How Growing Meat without*

Animals Will Revolutionize Dinner and the World. Gallery Books, 2018.

[美]保罗·夏皮罗：《人造肉：即将改变人类饮食和全球经济的新产业》，北京联合出版公司，2022年。这本新书对细胞农业进行了全面概述。我希望这一领域能有更多著作迅速出版。

第六章

Greenberg, J. *A Feathered River across the Sky: The Passenger Pigeon's Flight to Extinction*. Bloomsbury Publishing, 2014.

我很喜欢这部研究旅鸽的迷人著作。这是一部权威著作，经得起时间的考验。

Lobel, C.R. *Urban Appetites: Food and Culture in Nineteenth-Century New York*. University of Chicago Press, 2014.

关于德尔莫尼科餐厅的专著有好几部，但这本书以更广泛的角度看待镀金时代北美洲东部食物。

Wray, B., and G. Church. *Rise of the Necrofauna: The Science, Ethics, and Risks of De-Extinction*. Greystone Books, 2017.

对那些想了解更多关于“复活灭绝物种”著述的读者来说，这本书深入探讨了复育灭绝物种涉及的哲学问题。

284 **第七章**

Lewis, S.L., and M.A. Maslin. *The Human Planet: How We Created the Anthropocene*. Penguin Books Limited, 2018.

[英]西蒙·路易斯、马克·马斯林：《人类世的诞生》，积木文化，2019年。最近涌现了一小批关于人类世的书。我认为这一本比较平易近人。

Wulf, A. *The Invention of Nature: Alexander von Humboldt's New World*. Alfred A. Knopf, 2015.

[德]安德烈娅·武尔夫：《创造自然：亚历山大·冯·洪堡的科学发现之旅》，浙江人民出版社，2017年。如果你想更了解这个见到电鳗的人，这部引人入胜的作品中有关于冯·洪堡冒险的经历。

McKenna, M. *Big Chicken: The Incredible Story of How Antibiotics Created Modern Agriculture and Changed the Way the World Eats*. National Geographic Society, 2017.

[美]玛丽安·麦克纳：《餐桌上的危机：一个关于禽肉、抗生素和努力对抗耐药菌的精彩故事》，中信出版社，2021年。写鸡的书少得出乎意料，但麦克纳的作品对我们最喜欢的食物之一进行了引人入胜又令人不安的审视。

第八章

Sethi, S. *Bread, Wine, Chocolate: The Slow Loss of Foods We Love*. HarperCollins, 2015.

撇开我对书名食物的喜爱不谈，我发现这本书很好地介绍了已经灭绝的栽培种。

Pollan, M. *The Botany of Desire: A Plant's-Eye View of the World*. Random

House, 2002.

[美]迈克尔·波伦：《植物的欲望：植物眼中的世界》，上海人民出版社，2005年。波伦的作品中我最喜欢的一部，也是有史以来关于植物的最好著作之一。

Morgan, J. *The Book of Pears: The Definitive History and Guide to over 500 Varieties*. Chelsea Green Publishing, 2015.

有没有专门介绍梨的巨著？有，这部就是。对发烧友来说，这是一部完美的作品。

285 **第九章**

Goldstein, J. and D. Brown *Inside the California Food Revolution: Thirty Years That Changed Our Culinary Consciousness*. University of California Press, 2013.

加州美食在重塑我们对本地栽培种的兴趣方面发挥了关键作用。本书讲述了这个故事。

Gollner, A.L. *The Fruit Hunters: A Story of Nature, Adventure, Commerce, and Obsession*. Scribner, 2013.

[加]亚当·李斯·格尔纳：《水果猎人：关于自然、冒险、商业与痴迷的故事》，生活·读书·新知三联书店，2016年。水果猎人是很迷人的职业。格尔纳的书仍然是为数不多致力于讲述他们故事的作品之一。

第十章

Flannery, T. *Among the Islands: Adventures in the Pacific*. Grove Atlantic, 2012.

与 *The Song of the Dodo* 一起读，这本书可能会激起一种难以抑制的探索欲。

Baskin, Y. *A Plague of Rats and Rubbervines: The Growing Threat of Species Invasions*. Island Press, 2013.

这是丹最喜欢的关于入侵物种的书。

Laudan, R. *The Food of Paradise: Exploring Hawaii's Culinary Heritage*. University of Hawaii Press, 1996.

我把这本食谱列入推荐书目，因为它很棒。书中既有对夏威夷克里奥尔菜式的详细说明，也带读者领略了岛屿风情。

第十一、十二章

Benjamin, A., and B. McCallum. *A World without Bees*. Random House, 2012.

[英]爱丽森·班杰明、布赖恩·麦考伦：《蜜蜂消失后的世界：蜜蜂神秘失踪的全球危机大调查》，漫游者文化事业股份有限公司，2011年。对蜜蜂危机的详细探索。

Nordhaus, H. *The Beekeeper's Lament: How One Man and Half a Billion Honey Bees Help Feed America*. Harper Perennial, 2011.

286 如果你不相信我们曾用卡车载着数百万只蜜蜂四处奔波，这里记述了详细故事。

Ecott, T. *Vanilla: Travels in Search of the Ice Cream Orchid*. Grove Atlantic, 2007.

几部关于香荚兰的书中我很喜欢这一本。

第十三章

Greenberg, P. *Four Fish: The Future of the Last Wild Food*. Penguin Publishing Group, 2010.

我最喜欢的渔业研究著作之一。

Issenberg, S. *The Sushi Economy: Globalization and the Making of a Modern Delicacy*. Penguin Publishing Group, 2007.

我最喜欢的蓝鳍金枪鱼现象研究著作。

Ellis, R. *The Empty Ocean*. Island Press, 2013.

深刻而悲情的一本书，为海洋物种灭绝提供了更多细节。

索 引

（页码均为原书页码，即本书边码。脚注以 n 加原书注码表示。）

A

B

C

D

E

F

G

H

I

J

K

L

M

N

O

P

Q

R

S

T

U

V

W

Y